材料力学实验教程

主编　张　搏　王林均
参编　洪京京　吕文高　乐巧丽　陶美竹

中国建材工业出版社

图书在版编目（CIP）数据

材料力学实验教程 / 张搏，王林均主编 . —北京：
中国建材工业出版社，2020.5（2023.7 重印）
ISBN 978-7-5160-2761-5

Ⅰ．①材⋯　Ⅱ．①张⋯　②王⋯　Ⅲ．①材料力学-实
验-高等学校-教材　Ⅳ．①TB301-33

中国版本图书馆 CIP 数据核字（2019）第 264327 号

材料力学实验教程
Cailiao Lixue Shiyan Jiaocheng
主编　张　搏　王林均
出版发行：中国建材工业出版社
地　　址：北京市海淀区三里河路 11 号
邮　　编：100831
经　　销：全国各地新华书店
印　　刷：北京雁林吉兆印刷有限公司
开　　本：787mm×1092mm　1/16
印　　张：7
字　　数：150 千字
版　　次：2020 年 5 月第 1 版
印　　次：2023 年 7 月第 4 次
定　　价：**38.00 元**
_____

本社网址：www.jccbs.com，微信公众号：zgjcgycbs
请选用正版图书，采购、销售盗版图书属违法行为
版权专有，盗版必究。　本社法律顾问：北京天驰君泰律师事务所，张杰律师
举报信箱：zhangjie@tiantailaw.com　　举报电话：（010）57811389
本书如有印装质量问题，由我社市场营销部负责调换，联系电话：（010）57811387

前　言

　　本书是根据普通高等院校力学教学指导委员会基础课程教学指导分委员会的材料力学课程基本教学要求，结合材料力学等力学课程的教学大纲和材料力学实验室实验内容编写而成。本书适用于工科类院校材料力学基础实验教学，也可用于学生综合能力训练及相关行业技术人员参考使用。

　　本书介绍了材料力学大纲要求的基本实验以及主要设备及仪器，开设金属材料的拉伸实验、压缩实验、扭转实验，电测法测定材料的弹性模量和泊松比实验，梁弯曲正应力电测实验，弯扭组合主应力电测实验，压杆稳定实验，材料强度理论适用性实验。

　　本书由贵州民族大学张搏、王林均主编，洪京京、吕文高、乐巧丽、陶美竹参与编写。在本书编写过程中，烟台新天地试验技术有限公司提出了不少宝贵意见，在此表示感谢。

　　由于编者水平有限，书中难免有不足之处，欢迎广大读者批评指正。

编　者

目　　录

第1章　绪论·· 1

§1.1　材料力学实验的意义 ··· 1

§1.2　材料力学实验的内容 ··· 1

§1.3　材料力学实验的学习方法 ··· 1

第2章　材料力学基本实验·· 3

§2.1　金属材料拉伸实验 ··· 3

§2.2　金属材料压缩实验 ··· 14

§2.3　金属材料扭转实验 ··· 21

§2.4　电测法测定材料的弹性模量 E 和泊松比 ν 实验 ····························· 28

§2.5　梁弯曲正应力电测实验·· 37

§2.6　弯扭组合主应力电测实验··· 42

§2.7　压杆稳定实验·· 50

§2.8　材料强度理论适用性实验··· 57

第3章　实验预习报告·· 66

§3.1　低碳钢、铸铁拉伸实验预习报告··· 66

§3.2　低碳钢、铸铁压缩实验预习报告··· 69

§3.3　低碳钢、铸铁扭转实验预习报告··· 72

§3.4　应变片工作原理及应变仪桥路实验预习报告··· 74

§3.5　电测法测定材料的弹性模量 E 和泊松比 ν 实验预习报告····························· 76

§3.6　弯曲正应力电测实验预习报告·· 79

第4章　实验报告··· 81

§4.1　低碳钢、铸铁拉伸实验报告·· 81

§4.2　低碳钢、铸铁压缩实验报告·· 84

§4.3　低碳钢、铸铁扭转实验报告·· 86

§4.4　应变片工作原理及应变仪桥路实验报告··· 89

§4.5　电测法测定材料的弹性模量 E 和泊松比 ν 实验报告····································· 92

§4.6　弯曲正应力电测实验报告·· 94

附录A　材料力学实验相关国家标准·· 96

附录B　YDD-1型多功能材料力学实验机··· 97

参考文献··· 104

第1章 绪 论

§1.1 材料力学实验的意义

材料力学一般定义为专业基础课，也就意味着力学发展到今天，一般不会再用它解决专业的问题，尤其是复杂结构、复杂应力状态的问题，非力学专业本科生学习材料力学的主要目的是基本专业概念的建立，明确概念的定义、来源及适用范围（局限性），为后续相关专业课的学习打下坚实的基础。

实验历来都是工科专业重要的教学环节，也是理论教学不可或缺的补充方式。尤其材料力学抽象难懂，因此实验是教学的重要实践性环节，有助于培养学生的科学思维。通过实验检验自己的理论水平，学生能够明确所从事工作需要具备的理论层次，知道了应该学习哪些理论，学到何种程度，这就锻炼了其自主学习的能力。自主学习是工科学生最关键的能力，也是未来解决工程问题的基础。

§1.2 材料力学实验的内容

材料力学实验主要包括以下三方面的内容：

1）测定材料的力学性能。通过拉伸、压缩、扭转和弯曲等实验，来测定材料的力学性能。基于这些实验，使学生通过现象观察和数据分析等手段，掌握测试材料力学性能的基本原理和方法，理解相关的国家标准和规范，并且能够在未来测试工程中不断出现的新型材料的力学性能。

2）验证现有的力学理论。通过拉伸、压缩、扭转、组合变形和压杆稳定等实验，让学生验证现有的力学理论，巩固课堂所学的知识和理论，掌握分析力学问题的方法，从而在未来验证甚至是提出新的理论，为以后的科学研究和工程应用打下坚实的基础。

3）应力分析实验。在工程领域中有很多构件的形状和情况较为复杂，用理论计算难以得到理想的结果。在某些特殊条件下，实验方法比理论计算能够更简便、迅速、准确地得到研究对象的应力、应变规律和强度特征，从而解决工程应用问题。

本书中的实验预习报告和实验报告的题目，由简单到困难分为A～E五级，使学生逐步提升自己的学习能力。由于弯扭组合主应力电测实验、压杆稳定实验、强度理论适用性实验为选做实验，因此没有相应的实验预习报告和实验报告。

§1.3 材料力学实验的学习方法

1）预习先行，建立模型。实验的过程是一个验证的过程，若实验前没有一个需要验证的关系，没有自己的想法，那实验就成了说教，因此认真做好预习报告，预先建立实验样本模型，是首先要做的事情，这就是本书设置实验预习报告的初衷。实验预习报告须独立完成，报告的每道题目的完成时间约为1h，这样每个实验的预习时间需要3～5d，一定要留有足够的时间。

2）明确层次，逻辑闭环。通过预习报告的完成，基本可以确定自己当前的理论水平，此时要做到的就是一定要把这个层面的问题彻底解决，做到融会贯通，逻辑闭环，只有这样，才算是基本掌握该层次的理论。事事讲逻辑、逻辑讲闭环，积累久了，理论水平就会不断地提高。

3）积极实践，自然提升。理论只是一种解释，任何事情一定还有更精确的解释，实验的目的就是要找到这个我们能够掌握、能够应用的解释，因此要敢于应用所掌握的理论，应用其解释（简化）方方面面的事情。这个过程的物理解释就是在低层面不断融会贯通，不断提速，速度积累到一定程度，就会有足够的能量突破眼前的这个层次。

第2章 材料力学基本实验

§2.1 金属材料拉伸实验

2.1.1 概述

常温、静载作用下（应变速率$\leq 10^{-3}$）的轴向拉伸实验是测量材料力学性能中最基本、应用最广泛的实验。通过拉伸实验，可以全面地测定材料的力学性能，如弹性、塑性、强度、断裂等力学性能指标。这些性能指标对材料力学的分析计算、工程设计、选择材料和新材料开发都有极其重要的作用。

2.1.2 实验目的

1）感性认识：

（1）观察不同性质材料在拉伸实验中变形破坏的过程，并绘制拉伸实验的 $F\text{-}\Delta L$ 曲线。

（2）观察低碳钢、铸铁、铝合金等不同材料断口形式，分析导致此断口的原因。

2）基本概念：

（1）明确评定材料基本特性的指标有哪几类，哪些是直接反映材料的力学特性。

（2）明确圆截面试样采用垂直两次取平均值计算截面面积的依据。

（3）明确试件标距的确定准则，明确标距对材料延伸率的影响。

（4）明确导致材料断裂破坏的应变、应力种类。

（5）明确评定材料强度指标有哪些，测试这些指标需要进行哪些实验项目。

（6）明确抗拉强度定义的计算方式的局限性，明确该计算方式的工程意义及不足之处。

（7）明确材料延伸率测试中移位处理的目的及依据。

（8）明确材料强度是一个范围值，明确材料强度与加工过程中材料成型厚度的关系。

（9）明确材料强度与试样直径的关系。

（10）明确强度指标的修约准则。

（11）明确加载速率对强度指标影响。

（12）明确夹持部分过渡圆弧对不同材料强度的影响。

3）概念量化：

（1）测定材料的两个强度指标：流动极限 σ_s、强度极限 σ_b。

（2）测定材料的两个塑性指标：断后伸长率 δ、断面收缩率 ψ；测定铸铁的强度极限 σ_b。

（3）测量材料的弹性模量 E、泊松比 ν。

（4）比较同一试件采用不同标距时对延伸率的差异。

4) 科学研究：

（1）了解名义应力、应变曲线与真实应力、应变曲线的区别，并估算试件断裂时的应力 σ_k。

（2）根据低碳钢拉伸实验时冷作硬化实验多次加载、卸载曲线的关系，分析并测试在此过程中材料弹性模量的变化。

5) 测试技术：

（1）了解实验设备的构造和工作原理，掌握拉压加载操作流程，尤其是初始平衡位置的选择。

（2）了解数据采集分析系统的测试原理，掌握其正确的连线、测试流程，掌握数据采集、分析的基本操作。

（3）了解引伸计的工作原理，掌握其正确的安装、测试流程。

（4）了解拉伸冷作硬化实验的卸载、加载要求，掌握实验机的操作流程。

（5）掌握试件断裂荷载的读取方式，能准确读取试件的断裂荷载。

2.1.3 实验原理

对一确定形状试件两端施加轴向拉力，使有效部分为单轴拉伸状态，直至试件拉断，在实验过程中通过测量试件所受荷载及变形的关系曲线并观察试件的破坏特征，依据一定的计算及判定准则，可以得到反映材料拉伸实验的力学指标，并以此指标来判定材料的性质。为便于比较，选用直径为 10mm 的典型的塑性材料低碳钢 Q235 及典型的脆性材料灰口铸铁 HT200 标准试件进行对比实验。常用的试件形状如图 2-1 所示，实验前在试件标距范围内有均匀的等分线。

图 2-1　常用拉伸试件形状

典型的低碳钢 Q235 的 $F\text{-}\Delta L$ 曲线和灰口铸铁 HT200 的 $F\text{-}\Delta L$ 曲线如图 2-2 和图 2-3 所示。低碳钢 Q235 试件拉伸实验的断口形状如图 2-4 所示。

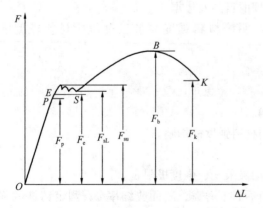

图 2-2　低碳钢拉伸 $F\text{-}\Delta L$ 曲线
F_p—比例伸长荷载；F_e—弹性伸长荷载；
F_{su}—上屈服荷载；F_{sL}—下屈服荷载；
F_b—极限荷载；F_k—断裂荷载

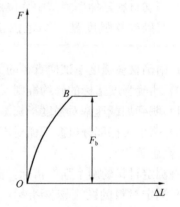

图 2-3　灰口铸铁拉伸 $F\text{-}\Delta L$ 曲线
F_b—极限荷载

图 2-4　低碳钢 Q235 试件拉伸实验的断口形状

灰口铸铁 HT200 试件拉伸实验的断口形状如图 2-5 所示。

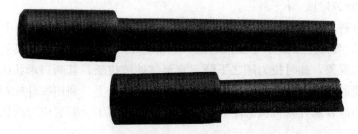

图 2-5　灰口铸铁 HT200 试件拉伸实验的断口形状

观察低碳钢的 $F\text{-}\Delta L$ 曲线，并结合受力过程中试件的变形，可明显地将其分为 4 个阶段：弹性阶段、屈服阶段、强化阶段、局部变形阶段。

1）弹性阶段 OE

OP 阶段中的拉力和伸长呈正比关系，表明低碳钢的应力与应变为线性关系，遵循胡克定律。故 P 点的应力称为材料的比例极限，如图 2-2 所示。若当应力继续增加达到材料弹性极限 E 点时，应力和应变间的关系不再是线性关系，但变形仍然是弹性的，即卸除拉力后变形恢复。工程上对弹性极限和比例极限并不严格区分，而统称为弹性极限，它是控制材料在弹性变形范围内工作的有效指标，在工程上有实用价值。

2）屈服阶段 ES

当拉力超过弹性极限到达锯齿状曲线时，拉力不再增加或开始回转并振荡，这时在试样表面上可看到表面晶体滑移的迹线。这种现象表明在试件承受的拉力不继续增加或稍微减少的情况下试件继续伸长，称为材料的屈服，其应力称为屈服强度（流动极限）。拉力首次回转前的最大力（上屈服力 F_{su}）及不计初始瞬时效应（即不计荷载首次下降的最低点）时的最小力（下屈服力 F_{sL}）所对应的应力为上、下屈服强度。由于上屈服强度受变形速度及试件形式等因素的影响有一定波动，而下屈服强度则比较稳定，故工程中一般只测定下屈服强度。其计算公式为：$\sigma_{sL} = F_{sL}/S_0$，S_0 为试件的截面面积。屈服应力是设计材料许用应力的一个重要指标。

3）强化阶段 SB

过了屈服阶段以后，试件材料因塑性变形其内部晶体组织结构重新得到了调整，其抵抗变形的能力有所增强，随着拉力的增加，伸长变形也随之增加，拉伸曲线继续上升。SB 曲线段称为强化阶段，随着塑性变形量增大，材料的力学性能发生变化，即材料的变形抗力提高，塑性变差，这个阶段称为强化阶段。当拉力增加，拉伸曲线到达顶点时，曲线开始返回，而曲线顶点所指的最大拉力为 F_b，由此求得的材料的抗拉强度极限为 $\sigma_b = F_b/S_0$，它也是衡量材料强度的一个重要指标。实际上由于试件在整个受力过程中截面面积不断发生变化，按公式 $\sigma_b = F_b/S_0$ 得到抗拉强度极限为名义值，σ_b 并非为荷载最大值时的真实应力，也非整个拉伸过程中的最大应力，从拉伸实验的 $F\text{-}\Delta L$ 曲线可以看出，试件并非在最大荷载时断裂。试件在拉过最大荷载后，仍有确定的承载力，低碳钢拉伸的过程中试件的应变持续增加，而应变是由应力引起的，低碳钢拉伸的过程同样也是一个应力持续增加的过程，试件的最大应力应为试件断裂时的应力。

虽然，按公式 $\sigma_b = F_b/S_0$ 得到抗拉强度极限为名义值，但这种计算办法有利于工程设计，有着普遍的工程意义。

4）颈缩和断裂阶段 BK

对于塑性材料来说，在承受拉力 F_b 以前，试样发生的变形各处基本上是均匀的。但在达到 F_b 以后，变形主要集中于试件的某一局部区域，该处横截面面积急剧减小，这种现象即"颈缩"现象，此时拉力随之下降，直至试件被拉断，其断口形状成杯锥状。试件拉断后，弹性变形消失，而塑性变形则保留在拉断的试件上。利用试件标距内的塑性变形及试件断裂时的荷载来计算材料的断裂伸长率、断面收缩率及断裂应力的估算值。

断裂伸长率：

$$\delta = \frac{L_k - L_0}{L_0} \times 100\%$$

式中　δ——断裂伸长率；

　　L_0——原始标距；

　　L_k——断后标距。

断面收缩率：

$$\psi = \frac{A_0 - A_k}{A_0} \times 100\%$$

式中　ψ——断面收缩率；

　　A_0——原始截面面积；

　　A_k——断后最小截面面积。

断裂应力估算值：

$$\sigma_k = F_k/A_k$$

式中　σ_k——断裂应力估算值；

　　F_k——断裂荷载；

　　A_k——断裂处最小截面面积。

由断裂伸长率 δ 的定义可以看出，δ 为标距长度范围内延伸的均值，实际上由于试件的颈缩导致试件在标距范围内的变形并不均匀，若事先在试件表面做等长的标记，将试件分成等长的多段小标距，断裂后会发现，小标距离颈缩点越近变形越大，离颈缩点越远变形越小，且呈对称分布，最终趋于变形均匀。同样材质、同样直径的试件采用不同的标距进行计算时会有不同的 δ，为了使材料拉伸实验的结果具有可比性与符合性，可依据国家标准 GB/T 228.1—2010《金属材料　拉伸试验　第 1 部分：室温试验方法》进行实验。规定拉伸试件分为比例和定标距两种，表面分为经机加工试样和不经机加工的全截面试件，通常多采用经机加工的圆形截面试件或矩形截面试件比例试样标距 L_0 按公式 $L_0 = K\sqrt{S_0}$ 确定，式中 S_0 为试件的截面面积，系数 K 通常为 5.65 或 11.3，前者称为短试件，后者为长试件。对于直径为 10mm 的试件而言，短、长试件的标距 L_0 分别等于 50mm 及 100mm，即 $L_0 = 5d_0$ 或 $L_0 = 10d_0$，对应的延伸率分别定义为 δ_5 和 δ_{10}。通常，延伸率小的材料多采用短标距试件，延伸率大的材料多采用长标距试件。

同样由于低碳钢试件颈缩变形的不均匀性和梯次递减的特性，同样的试件，当断口在中间时和断口在靠近边缘时会有一定的差异，这样不利于数据的相互比较，为减小由于断口位置导致的误差，一般规定：若断口距标距端点的距离小于或等于 $L_0/3$ 时，则需要用"移位法"来计算 L_k。其方法是：以断点为中心，利用长段上相对应的变形格的长度加到短段已有的变形格上，使短段的计算变形格数为 $N/2$ 或 $N/2 - 1$ 个（N 为原始有效标距的个数），加上长段的 $N/2$ 或 $N/2 + 1$ 个格数的长度，就为断裂后的计算长度 L_k。其原理如图 2-6 所示。

图 2-6　金属材料塑性断裂变形示意图

在图 2-6 中，假定断口在试件的中间，则有 $L_1 \approx L_1'$，$L_2 \approx L_2'$，$L_3 \approx L_3' \cdots\cdots$，$L_1 > L_2 > L_3 \cdots\cdots$，通过移位处理就可以减小由于试件断裂位置不同引起的误差。图 2-7 为金属材料移位处理示意图。

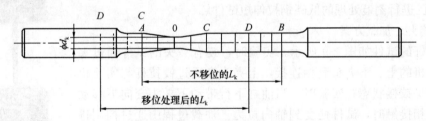

图 2-7　金属材料移位处理示意图

从图 2-7 中可以看出：不进行移位处理时 $L_k = L_{AD} + L_{DB}$，进行移位处理后 $L_k = L_{AD} + L_{CD}$，由试件断裂的不均匀性可知：$L_{CD} > L_{DB}$，因此经移位处理后的 L_k 大于未移位处理的 L_k，且其更接近于断点在试件中间的情形，这样有利于提高实验结果的相符性及可比性。

通过断裂应力估算值 σ_k 的计算，并将其与名义拉伸强度 σ_b 比较，可以明显地看出 $\sigma_k > \sigma_b$，由于公式 $\sigma_k = F_k/A_k$ 中，A_k 为断裂后的测量值，且试件颈缩过程中有一定的应力分布不均匀现象，所以 σ_k 为估算值，但其较接近真值。

这样通过对低碳钢拉伸实验过程中 F-ΔL 曲线的分析就可以得到反映低碳钢抵抗拉伸荷载的力学性能指标：屈服强度 σ_s；抗拉强度 σ_b；断裂伸长率 δ_5/δ_{10}；断面收缩率 ψ；断裂应力 σ_k。

同样通过对铸铁试件 F-ΔL 曲线的分析就可以得到反映铸铁抵抗拉伸荷载的相应力学

性能指标，对于典型的脆性材料铸铁，观察其 F-ΔL 曲线可发现在整个拉伸过程中变形很小，无明显的弹性阶段、屈服阶段、强化阶段、局部变形阶段，在达到最大拉力时，试样断裂。观察实验现象可发现无屈服、颈缩现象，其断口是平齐粗糙的，属脆性破坏。但由于铸铁在拉伸实验过程中没有表现出塑性指标，所以在拉伸实验过程中只能测得其抗拉强度 σ_b。

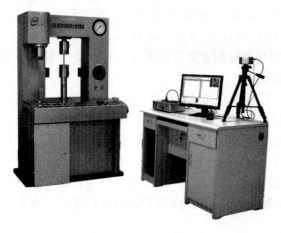

图 2-8　YDD-1 型多功能材料力学实验机

2.1.4　实验方案

1）实验设备、测量工具及试件：

YDD-1 型多功能材料力学实验机（图 2-8）、150mm 游标卡尺、标准低碳钢、铸铁拉伸试件（图 2-1）。

YDD-1 型多功能材料力学实验机由实验机主机部分和数据采集分析部分组成，主机部分由加载机构及相应的传感器组成，数据采集分析部分完成数据的采集、分析等。

试件采用标准圆柱体短试件，为方便观测试件的变形及判定断裂伸长率，实验前需用游标卡尺测量出试件的最小直径，并根据试件的最小直径（d_0）确定标距的长度（L_0，需进行必要的修约），并在标距长度内均匀制作标记，为方便数据处理，通常将标距长度 10 等分刻痕。常用的标记方式有机械刻痕、腐蚀刻痕、激光刻痕等。图 2-1 为已进行刻痕处理的低碳钢拉伸短试件。

2）装夹、加载方案：

安装好的试件如图 2-9 所示。实验时，装有夹头的试件通过夹头与实验机的上、下夹头套相连接，上夹头套通过铰拉杆与实验机的上横梁呈铰接状态；实验时，当油缸下行带动下夹头套向下移动并与夹头相接触时，试件便受到轴向拉力。加载过程中通过控制进油手轮的旋转来控制加载速度。

3）数据测试方案：

试件所受到的拉力通过安装在油缸底部的拉、压力传感器测量，变形通过安装在油缸活塞杆内的位移传感器测量。

4）数据的分析处理：

数据采集分析系统，实时记录试件所受的力及变形，并生成力、变形实时曲线及力、变形 X-Y 曲线，图 2-10 为实测低碳钢拉伸实验曲线，图 2-11 为实测铸铁拉伸实验曲线。

图 2-9　拉伸实验试件的装夹

在图 2-10 中左窗口为力、变形实时曲线，上部曲线为试件所受的力，下部曲线为试件的变形；右窗口为力、变形的 X-Y 曲线，从力、变形的 X-Y 曲线可以清晰地区分低碳钢拉伸的 4 个阶段：弹性阶段、屈服阶段、强化阶段和颈缩断裂阶段。在左窗口中，通过移动光标可以方便地读取所需的数据，屈服荷载 F_s、极限荷载 F_b、断裂荷载 F_k。

实验中需要的其他数据，原始标距断裂后的长度 L_k、断裂处最小截面面积 A_k，依据

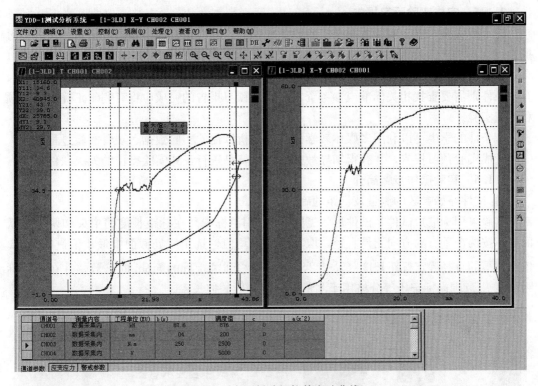

图 2-10　实测低碳钢拉伸实验曲线

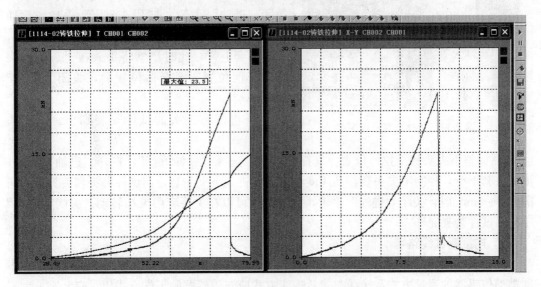

图 2-11　实测铸铁拉伸实验曲线

实验要求由游标卡尺直接或间接测量。

在图 2-11 中，透过移动光标可得到铸铁拉伸的极限荷载 F_b，通过峰值光标或利用统计功能可方便得到极限荷载。得到相关数据后，依据实验原理，就可以得到所需的力学指标。

2.1.5 完成实验预习报告

在了解实验原理、实验方案及实验设备操作后，就应该完成实验预习报告。实验预习报告包括：明确相关概念、预估试件的最大荷载、明确操作步骤等，在完成预习报告时，有些条件实验指导书中已给出（包括后续的实验操作步骤简介）、有些条件为已知条件、有些条件则需要查找相关标准或参考资料。通过预习报告的完成，将有利于正确理解及顺利完成实验。

有条件的学生可以利用多媒体教学课件，分析以往的实验数据、观看实验过程等。

完成实验预习报告，并获得辅导教师的认可，是进行正式实验操作的先决条件。

2.1.6 实验操作步骤简介

1）试件原始参数的测量及标距的确定：

实验采用标准短试件，试件形状见图 2-1，用游标卡尺在标距长度的中央和两端的截面处，按两个垂直的方向测量直径，取其算术平均值，选用三处截面中最小值进行计算。依据测得的直径确定标距长度（$5.65\sqrt{S_0}$）并修约到最接近的 5mm 的倍数，并在原始标距长度 L_0 范围内标记十等分格用于测量试件破坏后的伸长率。

图 2-12　试件装夹示意图

2）装夹试件：

① 旋转上夹头套使之与上横梁为铰接状态。

② 用楔形片将试件的两端安装到夹头内，图 2-12 为试件装夹示意图。

③ 调整实验机下夹头套的位置，操作步骤：关闭"进油"手轮，打开"调压"手轮，选择"油泵启动""油缸上行"，打开"进油"手轮，下夹头套上行，此时严禁将手放在上、下夹头套的任何位置，至合适位置后，关闭"进油"手轮。

④ 将带有夹头的试件安装到上、下夹头套内。

⑤ 调整下夹头套至拉伸位置。其操作步骤：选择"拉伸下行"，打开"进油"手轮，下夹头套下行，控制下夹头套移动速度，下夹头进入下夹头套，当试件夹头和夹头套的间隙在 2～3mm 时，关闭"进油"手轮，此时试件可以在夹头套内灵活转动。关闭"调压"手轮，试件装夹完毕。

3）连接测试线路：

按要求连接测试线路，1CH 通道选择测力，3CH 通道选择测位移。连线时应注意不同类型传感器的测量方式及接线方式。连线方式应与传感器的工作方式相对应。

4）设置数据采集环境：

① 进入测试环境。按要求连接测试线路，确认无误后，打开仪器电源及计算机电源，双击桌面上的快捷图标，提示检测到采集设备→确定→进入如图 2-13 所示的数据采集分析环境。

② 设置测试参数。测试参数是联系被测物理量与实测电信号的纽带，设置正确合理的测试参数是得到正确数据的前提。测试参数由通道参数、采样参数及窗口参数三部分组

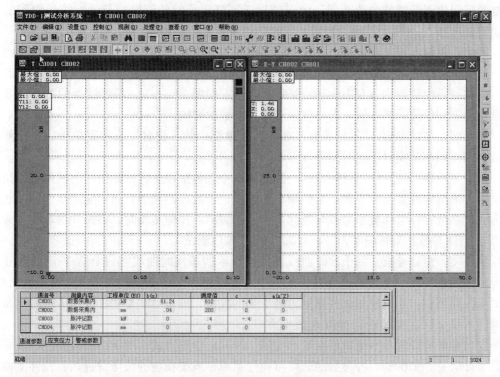

图 2-13　数据采集分析环境

成。其中，通道参数反映被测工程量与实测电信号之间的转换关系，由测量内容、转换因子及满度值等组成；采样参数则包括测试方式、采样频率及实时压缩时间等；窗口参数是指为了在实验中显示及实验完成后分析数据而设置的曲线窗口，曲线分为实时曲线及 X-Y 函数曲线两种。

检测到仪器后，系统将自动给出上一次实验的测试环境。

第一项，通道参数。"通道参数"位于采集环境的底部，反映被测工程量与实测电信号之间的转换关系，由通道号、测量内容、工程单位、转换因子及满度值组成。

通道号：与测试分析系统的通道一一对应。一般选择一通道测量试件所受的荷载，选择三通道测量试件的变形（位移）。

测量内容：由被测电信号的类型决定，由数据采集内（电压测量）、应力应变、脉冲计数等组成。由于荷载、位移通道所测信号均为传感器输出的电压信号，因此均选择数据采集内（电压测量）。

工程单位：被测物理量的工程单位。荷载（kN），变形（mm）。

转换因子：转换因子由 a、b、c 3 个系数组成，其与被测物理量（Y）及传感器输出的电压（X，单位 mV）有如下的关系：

$$Y = aX^2 + bX + c$$

需要说明的是：由于实验机所采用的传感器类型并不同，及同一类型的传感器个体之间存在差异，不同实验机的转换因子并不同。如当通过拉、压力传感器直接测量试件所受的荷载时，只需选择修正比例系数 b 即可，且拉、压实验具有相同的系数；而当通过测量油缸油压间接测量试件的荷载时，由于油缸活塞杆运行时的摩擦力及油缸拉压面积的不等，需要选择 b、c 两个系数，且拉、压时，两个系数各不相同。

因此，在输入相关系数时，一定要确保数据的正确性。

满度值：即通道的量程，每一通道均有不同的量程，需选择与被测信号相匹配的量程。荷载通道的量程为 2.5/10mV，变形通道的量程为 5000mV。需要注意的是，满度值通常显示工程单位的满度值，即满度值受修正系数的影响。

第二项，采样参数。"采样参数"存放在菜单栏中的"设置"下拉菜单中，包括测试方式、采样频率及实时压缩时间等。

单击"设置"，选择"采样参数"。其中测试方式包括拉压测试和扭转测试两种，拉压测试方式采用定时采样的方式，采样频率即为其记录数据的频率；扭转测试是以脉冲触发的方式记录数据，采样频率为其判断脉冲有无的频率。拉伸实验时，将采样参数设置成如图 2-13 右图参数：采样频率："20～100Hz"，"拉压测试"。

第三项，窗口参数。每个实时曲线窗口可显示四条实时曲线，每个 X-Y 函数曲线窗口可显示两条 X-Y 函数曲线。在拉伸实验中主要应用 X-Y 函数曲线窗口及实时曲线窗口，X-Y 函数曲线窗口用以观测试件所受力与变形的关系，即 F-ΔL 关系曲线，实时曲线窗口以时间为横坐标，实时显示 1024 个数据。

窗口参数的设置包括窗口的新建、关闭、排列、绘图方式、图例、曲线颜色、文字颜色、统计信息、坐标等，各参数的选择可通过菜单栏或按相应的快捷键进入。拉伸实验可以开设两个数据窗口，左窗口，力、变形实时曲线；右窗口，力、变形的 X-Y 曲线，并设定好窗口的其他参数如坐标等。

设置坐标参数时，需对被测试件的极限承载力及变形进行预估，这样可以得到较好的图形比例。对于直径为 10mm 的低碳钢（Q235）试件，计算其极限承载力不超过 45kN，变形不超过 50mm，故设置其纵横坐标的上限均为 50kN（mm），考虑到初始零点并非绝对零值，故将其坐标的下限设置成较小的负值。实际上在数据采集的过程中可以随时在不中断数据采集的前提下进行窗口参数的修改，但在实验前对所采数据进行相应的判断并设置较为合理的窗口，还是很有必要的。

对比当前各参数与实际的测试内容是否相符，若相符进入"数据预采集"；若不符，则应选择正确的参数或通过引入项目的方式引入所需要的测试环境。其具体操作：打开"文件"选择"引入项目"，引入所需要的采集环境。

③ 数据预采集。检查采集设备各通道显示的满度值是否与通道参数的设定值相一致，如不一致，需进行初始化硬件操作，单击菜单栏中的"控制"，选择"初始化硬件"，就可以实现采集设备满度值与通道参数设置满度值相一致。

单击菜单栏中的"控制"，选择"平衡"，对各通道的初始值进行硬件平衡，可使所采集到的数据接近零，然后单击菜单栏中的"控制"，选择"清除零点"，"清除零点"为软件置零，可将平衡后的残余零点清除。此时若信号有无法平衡提示，说明通道的初始值过大，尤其是试件变形通道容易出现此情况，说明下夹头套的位置过于靠下，可将下夹头套的位置适当上行即可。对于平衡前有过载指示，平衡后指示消失的情形，说明仪器本身记忆的初始平衡值过大，属正常情况。

单击菜单栏中的"控制"，选择"启动采样"，选择数据存储的目录，便进入相应的采集环境，采集到相应的零点数据，此时启动油泵，选择"压缩上行"或"拉伸下行"，打开"进油"手轮，使下夹头套上行或下行，此时所采集到的数据便会发生相应的变化，将下夹头套调整到拉伸位置。此时从实时曲线窗口内便可以读到相应的力和位移的零点数据，证明采集设备正常工作。单击菜单栏中的"控制"，选择"停止采样"，停止采集数据，并分析所采集的数据，确认所设置各参数的正确性。

这样就完成了数据采集环境的设置。

5）加载测试：

在试件装夹完毕，并确定数据采集系统能正常工作后，就可以进行加载测试了。其具体操作步骤如下：

首先需要确定实验机的状态，"进油"手轮关闭，"调压"手轮关闭。

然后选择"油泵启动"—"拉伸下行"，完成后，开始数据采集，选择"控制"—"平衡"—"清除零点"，"启动采样"。左窗口，采集到的零点数据，打开"进油"手轮进行加载测试，控制加载速度，注意观察各阶段实验现象，起始阶段应缓慢加载。试件受力后，首先是弹性阶段试件所受的荷载与试件的变形呈线性关系。接着进入屈服阶段此时试件所受的力在一定范围内浮动振荡而位移不断地向前增加，这就是低碳钢的屈服现象。离开了屈服阶段后，进入了强化阶段。此时应旋转"进油"手轮加快加载速度，可以看到试件的变形明显加快。颈缩后，为观察颈缩现象，应放慢加载速度，注意捕捉颈缩点及观看颈缩现象。当出现颈缩后，放慢加载速度，至试件断裂后，关闭"进油"手轮，"停止采样"，"油泵停止"，"拉压停止"。

这样就完成了实验的加载测试过程。

2.1.7　分析数据完成实验报告

1）验证数据：

设置双窗口显示数据，左窗口实时曲线、右窗口力-位移 X-Y 曲线。单击左窗口，横向压缩数据，显示全数据；单击右窗口，X-Y 增加数据，显示力-位移 X-Y 曲线。从低碳钢拉伸实验曲线中应清晰区分低碳钢拉伸的 4 个阶段，铸铁拉伸则无屈服阶段。

2）读取数据：

① 荷载数据的读取。图 2-10 中，采用双光标可以方便地得到低碳钢拉伸的屈服荷载和极限荷载。选择并移动单光标，结合试件的变形，读出试件的断裂荷载。

铸铁拉伸无屈服荷载，极限荷载的读取同低碳钢。

② 试件变形指标的读取。

首先，将断裂后的试件从上、下夹头套中取出，观察断口形式。然后，将断裂后的试件对接，用游标卡尺测量断口直径，垂直方向测量两次，再测量断裂后试件的标距。为了方便测量，也可以把试件先取出，再测量，采用专门的取出垫块，将带有夹头的试件断口向上放在垫块上，用试件断口保护套套住试件，用锤子敲击试件保护套，便可将断裂后的试件取出，当然，试件的取出工作需要在地面上进行。

需要注意的是：当断口距标距端点的距离小于或等于 $L_0/3$ 时，则需要用移位法来计算 L_k。

3）分析数据：

通过实验前的测量及实验后的数据读取就得到了所需要的数据，代入相应的公式或计算表格即可得到拉伸的各项力学指标。

4）完成实验报告：

通过观察实验现象、分析实验数据就可以进行实验报告的填写了，完成实验报告的各项内容。并总结实验过程中遇到的问题及解决方法。

2.1.8 实验注意事项

1）在紧急情况下，没有明确的方案时，按急停按钮。

2）上夹头套应处于活动铰接状态，但不应旋出过长，夹头套与上横梁垫板之间的间隙应在 3～10mm。

3）调整下夹头套开口位置时，需在油缸上行或下行的状态下进行，此时应特别注意手的位置。

4）试件装夹时应确保试件在夹片中有全长的工作长度。

5）在装夹试件确定油缸位置时，严禁在油缸运行时手持试件在夹头套中间判断油缸的位置。

6）装夹试件时要调整好试件与下夹头套的间隙，间隙在 5～10mm 之间较为合适。

7）正式采集数据时，应在试件夹头与试件夹头套间隙较小时进行重新平衡、清零，这样可使所采集的曲线的起始点较为接近零点。

8）实验初始阶段加载要缓慢，以免试件屈服阶段变形不充分。

9）进行数据采集的第一步为初始化硬件，初始化完成后应确认采集设备的量程指示与通道参数的设定值一致，且平衡后各通道均无过载现象。

10）在通过旋转加载控制手轮控制加载速度时，应首先关闭加载控制手轮，然后加载，且旋转的圈数应不超过 5 圈，以免将进油阀芯旋出。

11）在将试件从夹头中取出时应采用专用的拆卸工具，并注意对断口的保护。

§2.2 金属材料压缩实验

2.2.1 概述

实验表明，工程中常用的金属塑性材料，其受拉与受压时所表现出来的强度、刚度和塑性等力学性能是大致相同的。但广泛使用的脆性材料如铸铁、砖、石等，其抗拉强度很低，但抗压强度却很高。为便于合理选用工程材料，以及满足金属成型工艺的要求，测定材料受压时的力学性能是十分重要的。因此，压缩实验和拉伸实验一样，也是测定材料在常温、静载、单向受力状态下力学性能的最常用、最基本的实验之一。

2.2.2 实验目的

感性认识：

1）观察不同性质材料在压缩实验过程中变形破坏的过程，并绘制压缩实验的 F-ΔL 曲线。

2）观察并比较在压缩实验中低碳钢（塑性破坏）和铸铁、铝合金（脆性破坏）的变形和破坏现象，观察不同材料断口形式，分析导致此断口的原因。

基本概念：

1）明确压应力导致试件发生断裂破坏的几种形式。

2）明确低碳钢在压缩过程中承载力可持续性增加的主要原因。

3）明确低碳钢压缩过程中真实应力的测量方式。

概念量化：

1）测定材料的两个强度指标：流动极限 σ_s、强度极限 σ_b。

2）定点测量低碳钢压缩实验过程中真实应力，分析应力变化规律。

科学研究：

1）了解名义应力、应变曲线与真实应力、应变曲线的区别，测得低碳钢压缩过程中较为真实的 $\sigma\varepsilon$ 曲线。

2）根据低碳钢压缩实验时多次加载、卸载曲线的关系，分析并测试在此过程中材料弹性模量的变化。

测试技术：

1）了解实验设备的构造和工作原理，掌握拉压加载操作流程，尤其是初始平衡位置的选择。

2）了解数据采集分析系统的测试原理，掌握其正确的连线、测试流程。

3）了解压缩实验反复卸载、加载控制要求，掌握实验机操作流程。

2.2.3　实验原理

对一确定形状试件（详见试件的制作）两端施加轴向压力，使试件实验段处于单轴压缩状态，试件产生变形，在不断压缩过程中不同材料的试件会有不同的实验现象，在实验过程中通过测量试件所受荷载及变形的关系曲线并观察试件的破坏特征，依据一定的计算及判定准则，可以得到反映材料压缩实验的力学指标，并以此指标来判定材料的性质。为便于比较，选用如图 2-14 所示直径相同的典型塑性材料低碳钢 Q235 及典型的脆性材料灰口铸铁 HT200 标准试件进行对比实验。

图 2-14　压缩试件

典型的低碳钢 Q235 的 F-ΔL 曲线和灰口铸铁 HT200 的 F-ΔL 曲线如图 2-15、图 2-16 所示。

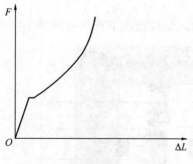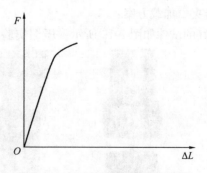

图 2-15　低碳钢压缩 F-ΔL 曲线　　　　图 2-16　灰口铸铁压缩 F-ΔL 曲线

低碳钢 Q235 试件压缩实验变形过程如图 2-17 所示，灰口铸铁 HT200 试件压缩实验破坏形状如图 2-18 所示。

观察 F-ΔL 曲线及试件的变形可发现，低碳钢 F-ΔL 曲线有明显的拐点，称为屈服点，以此点计算的屈服强度 $\sigma_s = F_s/S_0$，其值与拉伸时屈服强度接近，继续加载，试件持续

图 2-17　低碳钢 Q235 试件压缩　　　图 2-18　灰口铸铁 HT200 试件
实验变形过程　　　　　　　　　压缩实验破坏形状

变形，由中间稍粗的鼓形变成圆饼形，但并不发生断裂破坏。灰口铸铁的 $F\text{-}\Delta L$ 曲线无明显拐点，当压力增大时，试件表面出现交错的剪切滑移线，试件中间略微变粗，持续加压剪切滑移线明显增多、增宽，最终试样在与轴线呈 $45°\sim55°$ 的方向上发生断裂破坏，此时施加的压力达到最大值，并以此值定义铸铁的抗压强度 $\sigma_b = F_b/S_0$。

实验表明材料受轴向力产生压缩变形时，在径向上会产生一定的横向延伸，尤其是到达屈服点以后这种变形更为明显，但由于试件两端面与实验机垫板间存在摩擦力，约束了这种横向变形，故压缩试样在变形时会出现中间鼓胀现象，塑性材料试件尤其明显。为了减少鼓胀现象的影响，通常的做法是除了将试样端面制作得光滑外，还在端面上涂上润滑油以进一步减小摩擦力，但这并不能完全消除此现象。

2.2.4　实验方案

1）实验设备、测量工具及试件：

YDD-1 型多功能材料力学实验机（图 2-8）、150mm 游标卡尺、标准低碳钢、铸铁压缩试件（图 2-1）。

YDD-1 型多功能材料力学实验机由实验机主机部分和数据采集分析两部分组成，主机部分由加载机构及相应的传感器组成，数据采集部分完成数据的采集、分析等。

试件采用标准圆柱体短试件，为方便观测试件的变形及测量低碳钢试件的真实应力，实验前需用游标卡尺测量出试件的最小直径（d_0）及高度（H_0）。

2）装夹、加载方案：

安装好的试件如图 2-19 所示。压缩实验时，试件放在下承压板的中央，当控制下承

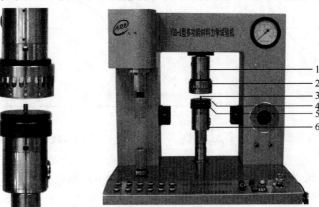

图 2-19　压缩实验试件的装夹
1—拉、压上夹头；2—压缩上承压板（带防护罩）；3—压缩试件；4—压缩下铰承压板；
5—压缩下承压板；6—拉、压下夹头

压板上行，试件和上部承压板接触时就会对试件施加轴向压力。上承压板为固定承压板，下承压板为活动铰承压板，在加载过程中起到自动找正的作用，从而保证试件处于单轴受压状态。加载时通过控制进油手轮的旋转来控制加载速度。

　　3）数据测试方案：

　　同拉伸实验一样，试件所受到的压力通过安装在油缸底部的拉、压力传感器测量，变形通过安装在油缸活塞杆内的位移传感器测量。与拉伸实验有所不同的是，在压缩实验中所测得的力及位移均为负值。

　　4）数据的分析处理：

　　数据采集分析系统，实时记录试件所受的力及变形，并生成力、变形实时曲线及力、变形 X-Y 曲线，图 2-20 为实测低碳钢压缩实验曲线，图 2-21 为实测铸铁压缩实验曲线。

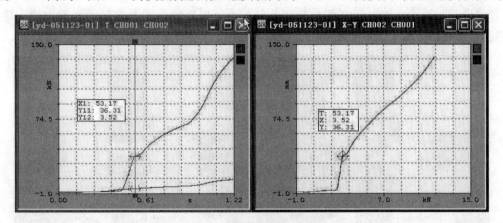

图 2-20　实测低碳钢压缩实验曲线

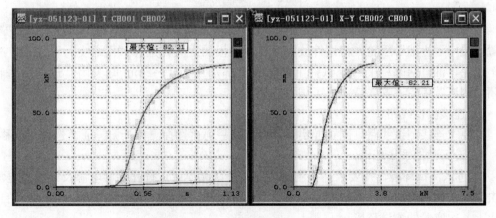

图 2-21　实测铸铁压缩实验曲线

　　左窗口为力和变形的实时曲线窗口，右窗口为力和变形的 X-Y 曲线窗口。通过移动光标可以方便地读取所需要的数据。得到相关数据后，依据实验原理，就可以得到所需要的力学指标。

2.2.5　完成实验预习报告

　　在了解实验原理、实验方案及实验设备操作后，就应该完成实验预习报告。实验预习报告包括：明确相关概念、预估试件的最大荷载、明确操作步骤等，在完成预习报告时，有些条件实验指导书中已给出（包括后续的实验操作步骤简介）、有些条件为已知条件、有些条件则需要查找相关标准或参考资料。通过预习报告的完成，将有利于正确理解及顺利完成实验。

2.2.6 实验操作步骤简介

1）试件原始参数的测量：

用游标卡尺在试件的中央按两个垂直方向多次测量试件的直径以及试件的原始高度，并将实验数据填入实验表格。

2）装夹试件

① 实验预压。其操作步骤：打开"压力控制"手轮，选择"启动油泵""压缩上行"，打开"进油"手轮，油缸活塞杆上行，上、下承压板接触，压力表显示当前力值，旋转"调压"手轮，荷载变化，证明加载设备正常工作，如图 2-22 所示。

图 2-22 实验预压

② 试件安装。打开"压力控制"手轮，选择"拉伸下行"，至下夹头运行至试件安装位置，关闭"进油"手轮，将试件放在下部承压板的中央，选择"压缩上行"，打开"进油"手轮，油缸活塞杆上行至试件上部距离上部承压板 1～2mm 时关闭"进油"手轮，关闭"调压"手轮。这样就完成了试件的装夹。

3）连接测试线路：

按要求连接测试线路，同拉伸实验，一般第一通道选择测力，第三通道选择测位移。

4）设置数据采集环境：

① 进入测试环境。按要求连接测试线路，确认无误后，打开仪器电源及计算机电源，双击桌面上的快捷图标，提示检测到采集设备进入测试环境。检测到仪器后，系统将自动给出上一次实验的测试环境。

② 设置测试参数。测试参数是联系被测物理量与实测电信号的纽带，设置合理的测试参数是得到正确数据的前提。测试参数由通道参数、采样参数及窗口参数三部分组成。

第一项，通道参数。选择第一通道测量试件所受的压力，第三通道测量油缸活塞杆位移。需要选择及输入的参数有测量内容、工程单位、修正系数，并选择相应的满度值。

需要注意的是：

同拉伸实验相比，压缩实验数据均为负值，为理解方便，习惯将相关修正系数设置为负值，这样读取的荷载及变形就为正值。

由于实验机所采用的传感器类型并不同，及同一类型的传感器个体之间存在差异，不同实验机的转换因子并不同。如当通过拉、压力传感器直接测量试件所受的荷载时，只需选择修正比例系数 b 即可，且拉、压实验具有相同的系数；而当通过测量油缸油压间接测量试件的荷载时，由于油缸活塞杆运行时的摩擦力及油缸拉压面积的不等，需要选择 b、c 两个系数，且拉、压时，两个系数各不相同。

第二项，采样参数。采样频率："20～100Hz""拉压测试"。

第三项，窗口参数。可以开设两个数据窗口，左窗口为力、变形的实时曲线窗口，右窗口为力、变形的 X-Y 曲线窗口，并设定好窗口的其他参数如坐标等。在对坐标参数的设置时，需对被测试件的极限承载力及变形进行预估，这样可以得到较好的图形比例。

对比当前各参数与实际的测试内容是否相符，若相符进入"数据预采集"，若不符，则应选择正确的参数或通过引入项目的方式引入所需要的测试环境。其具体操作：打开"文件"，选择"引入项目"，引入所需要的采集环境。

③ 数据预采集。检查采集设备各通道显示的满度值是否与通道参数的设定值相一致，如不一致，需进行初始化硬件操作，单击菜单栏中的"控制"，选择"初始化硬件"，就可以实现采集设备满度值与通道参数设置满度值相一致。

单击菜单栏中的"控制"，选择"平衡"，对各通道的初始值进行硬件平衡，可使所采集到的数据接近零，然后单击菜单栏中的"控制"，选择"清除零点"，"清除零点"为软件置零，可将平衡后的残余零点清除。此时若信号经平衡后的数值过大，会有相应提示。

此时，仪器的相应通道会有过载指示，说明通道的初始值过大，尤其试件变形通道容易出现此情况，说明下夹头套的位置过于靠下，可将下夹头套的位置适当上行即可。对于平衡前有过载指示，平衡后指示消失的情形，说明仪器本身记忆的初始平衡值过大，属正常情况。

单击菜单栏中的"控制"，选择"启动采样"，选择数据存储的目录，便进入相应的采集环境，采集到相应的零点数据，此时从实时曲线窗口内便可以读到相应的力和位移的零点数据，证明采集设备能正常工作。单击菜单栏中的"控制"，选择"停止采样"，停止采集数据，并分析所采集的数据，确认所设置的各参数正确无误。这样就完成了数据采集环境的设置。

5）加载测试：

在试件装夹完毕，并确定数据采集系统能正常工作后，就可以进行加载测试了。其具体操作步骤如下：

首先需要确定实验机的状态，"进油"手轮关闭，"调压"手轮关闭。

然后选择"油泵启动""压缩下行"，完成后，开始数据采集，选择"控制"-"平衡"-"清除零点"，"启动采样"。左窗口，采集到的零点数据，打开"进油"手轮进行加载测试，控制加载速度，注意观察各阶段实验现象，起始阶段应缓慢加载。打开"进油"手轮进行加载测试，同时注意观察试件屈服、变形等实验现象，开始时应稍慢点。首先是弹性阶段试件所受的荷载与试件的变形呈线性关系，接着便是屈服阶段，试件很快就离开了屈服阶段，控制"进油"手轮持续加载，这时可以增大"进油"手轮的开启程度以增大试件所受的荷载。至 120kN，关闭"进油"手轮，"停止采样"，"油泵停止"，"拉压停止"。观察试件的变形。打开"调压"手轮"停止采样",选择"拉伸下行"油缸活塞杆下行,取出试件。比较试件压缩前后的变化。

2.2.7 分析数据完成实验报告

1) 验证数据:

首先双窗口显示全部实验数据,左窗口实时曲线、右窗口力-位移 X-Y 曲线。从低碳钢压缩实验曲线中应清晰区分低碳钢压缩的屈服点,铸铁压缩则无屈服点。

2) 读取数据:

① 荷载数据的读取。低碳钢压缩实验中,选择单光标,选择左右图光标同步,放大左图屈服阶段,读取屈服荷载。当然也可以像拉伸实验一样采取双光标读出屈服荷载。将得到的数据,填入相应表格中。这样就得到了屈服极限 σ_s。

铸铁压缩实验中,无屈服荷载,极限荷载的读取同低碳钢。

② 试件变形指标的读取。用游标卡尺测量压缩后试件的最大直径及高度,填入相应表格中,以得到此次低碳钢压缩实验过程中的最大应力。这样就完成了数据分析的过程。

3) 分析数据:

通过实验前的测量及实验后的数据读取就得到了所需要的数据,代入相应的公式或计算表格即可得到压缩的各项力学指标。

低碳钢屈服强度 $\sigma_s = F_s/S_0$,铸铁的强度极限 $\sigma_b = F_b/S_0$。

对于铸铁试件而言,由于其无屈服现象,故其不存在流动极限 σ_s。

对于低碳钢试件而言,由于在压缩过程中试件的面积不断增大,承受的荷载持续增加,习惯上认为低碳钢试件无极限承载力,但假如计算时考虑试件面积的变化,会发现达到一定荷载后,压缩过程的应力、应变曲线趋于平缓。在实际实验时,可以通过利用在压

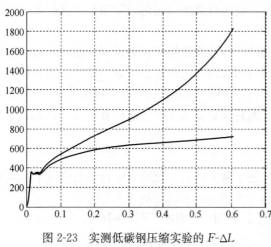

图 2-23 实测低碳钢压缩实验的 F-ΔL
曲线与 $\sigma\varepsilon$ 曲线的比较

缩过程中测得的试件高度的变化来求得试件的对应面积,这样就可以得到压缩过程的 $\sigma\varepsilon$ 曲线,实际分析时往往将数据转化为 Matlab 格式后进行分析处理;另外,在荷载较大时需考虑机架变形引起的测试误差,可通过在不加试件压缩的情况下测得机架变形与荷载的对应关系,在实际分析数据时去掉此系统误差,这样就可以较准确地得到低碳钢压缩时的 $\sigma\varepsilon$ 曲线。实测低碳钢压缩实验的 F-ΔL 曲线与 $\sigma\varepsilon$ 曲线的比较如图2-23所示。

实际上由于低碳钢试件在压缩过程中变形并不均匀,应力沿试件的高度并非均匀分布。可以用试件压缩过程的最大荷载除以试件压缩过程的最大面积近似求得压缩过程的最大应力。

4) 完成实验报告:

通过观察实验现象、分析实验数据就可以进行实验报告的填写,完成实验报告的各项内容了。并总结实验过程中遇到的问题及解决方法。

2.2.8　实验注意事项

1) 在紧急情况下，没有明确的方案时，按急停按钮。

2) 上夹头套应处于固定状态，夹头套与上横梁应紧密接触。

3) 若要调整试件的位置应先停止油缸运行，严禁在油缸运行时调整试件的位置。

4) 加载控制手轮、压力控制手轮均为针阀，轻轻用力即可关闭，过于用力会导致阀芯被拧断或长期使用后关闭不严，故关闭"加载控制"手轮、"压力控制"手轮时轻轻关闭即可。

5) 装夹试件时要调整好试件与上夹头套的间隙，间隙在 2~3mm 较为合适。

6) 实验初始阶段加载要缓慢，以免试件屈服阶段变形不充分。

7) 在压缩低碳钢试件时要注意观察试件及夹头套的偏移，若横向偏移较大则应停止实验。

§2.3　金属材料扭转实验

2.3.1　概述

工程中有许多承受扭转变形的构件，了解材料在扭转变形时的力学性能，对于构件的合理设计和选材是十分重要的。扭转变形是构件的基本变形之一，因此扭转实验也是材料力学基本实验之一。

2.3.2　实验目的

1) 测定低碳钢的扭转屈服强度 τ_s 及抗扭强度 τ_b。

2) 测定铸铁的抗扭强度 τ_b。

3) 观察、比较低碳钢和铸铁在扭转时的变形和破坏现象，分析其破坏原因。

2.3.3　实验原理

对一确定形状试件两端施加一对大小为 M_e 的外力偶，试件便处于扭转受力状态，此时试件中的单元体处于如图 2-24 所示的纯剪应力状态。

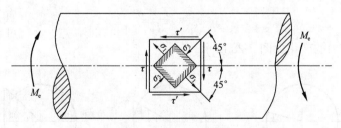

图 2-24　纯剪应力状态

对单元体进行平衡分析可知，在与试样轴线成45°角的螺旋面上，分别承受主应力 $\sigma_1=\tau,\sigma_3=-\tau$ 的作用，这样就出现了在同一个试件的不同截面上 $\sigma_拉=-\sigma_压=\tau$ 的情形。这样对于判断材料各极限强度的关系提供了一个很好的条件。

图 2-25 为低碳钢 Q235 扭转实验扭矩 T 和扭转角 φ 的关系曲线，图 2-26 为灰口铸铁 HT200 试件的扭转实验扭矩 T 和扭转角 φ 的关系曲线。图 2-27 为低碳钢和铸铁扭转破坏断口形式。

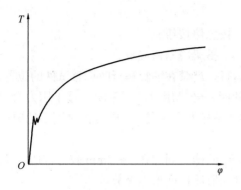
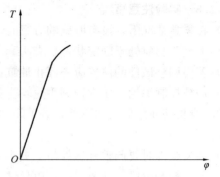

图 2-25　低碳钢 Q235 扭转 T-φ 曲线　　　图 2-26　灰口铸铁 HT200 扭转 T-φ 曲线

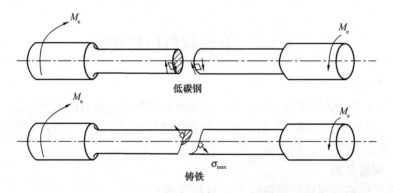

图 2-27　低碳钢和铸铁扭转破坏断口形式

由图 2-25 低碳钢 Q235 扭转 T-φ 曲线可以看出，低碳钢 Q235 的扭转 T-φ 曲线类似于拉伸的 F-ΔL 曲线，有明显的弹性阶段、流动屈服阶段及强化阶段。在弹性阶段，根据扭矩平衡原理，由剪应力产生的合力矩须与外加扭矩相等，可得剪应力沿半径方向的分布 τ_p 为：

$$\tau_\mathrm{p} = \frac{T \times \rho}{I_\mathrm{P}}$$

在弹性阶段剪应力的变化如图 2-28 所示。

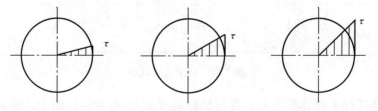

图 2-28　低碳钢扭转试件弹性阶段剪应力的变化

在弹性阶段剪应力沿圆半径方向呈线性分布，据此可得

$$\tau_\mathrm{max} = \frac{T \times r}{I_\mathrm{P}} = \frac{T}{W_\mathrm{P}}$$

当外缘剪应力增加到一定程度后，试件的边缘产生流动现象，试件承受的扭矩瞬间下

降，应力重新分布至整个截面上的应力均匀一致，称为屈服阶段，在屈服阶段剪应力的变化如图 2-29 所示，称达到均匀一致时的剪应力为剪切屈服强度（τ_s），其对应的扭矩为屈服扭矩，习惯上将屈服段的最低点定义为屈服扭矩，同样根据扭矩平衡原理可得：

$$\tau_s = \frac{3T_s \times \rho}{4I_P} = \frac{3T_s}{4W_P}$$

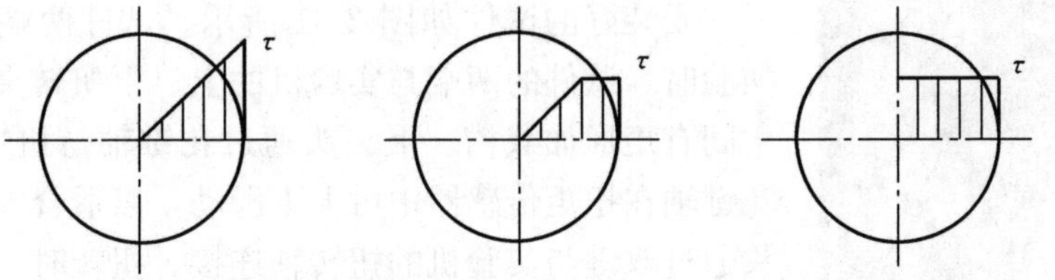

图 2-29 低碳钢扭转试件屈服阶段剪应力的变化

应力均匀分布后，试件可承受更大的扭矩，试件整个截面上的应力均匀增加，直至试件剪切断裂，如图 2-27 所示，最大剪应力对应的扭矩为最大扭矩，定义最大剪应力为剪切强度。

$$\tau_b = \frac{3T_b}{4W_P}$$

通过以上的分析可知：在低碳钢的扭转时，可以得到剪切强度极限，但由于不同材料的破坏形式并不一致，其剪切强度的计算公式并不相同，鉴于此，为方便不同材料力学特性的比较，《金属材料 室温扭转试验方法》（GB/T 10128—2007）中规定，材料的扭转屈服点和抗扭强度按公式 $\tau_s = T_s/W_P$，$\tau_b = T_b/W_P$ 计算。需要注意的是，国家标准中定义的强度为抗扭强度而非剪切强度。

由图 2-25 铸铁扭转 T-φ 曲线可以看出，灰口铸铁 HT200 的扭转 T-φ 曲线类似于拉伸的 F-ΔL 曲线，没有屈服阶段及强化阶段。从图 2-24 纯剪应力状态及图 2-27 铸铁扭转破坏断口形式可以看出，铸铁试件是沿与轴线成 45°螺旋面方向被拉伸破坏的，也就是说，在图 2-24 纯剪应力状态单元体中，拉应力首先达到拉伸强度值。其抗扭强度的计算同低碳钢试件，且此时抗扭强度等于最大扭矩时的最大剪应力（即边缘剪应力）。

由以上分析可知：铸铁的扭转破坏是由于拉应力引起的拉伸破坏，通过扭转实验可间接测得铸铁试件的拉伸强度，但无法得到其剪切强度。

2.3.4 实验方案

1）实验设备、测量工具及试件

YDD-1 型多功能材料力学实验机（图 2-8）、150mm 游标卡尺、标准低碳钢、铸铁扭转试件（图 2-30）。

图 2-30 常用铸铁扭转试件

YDD-1 型多功能材料力学实验机由实验机主机和数据采集分析系统两部分组成，主机部分由加载机构及相应的传感器组成，数据采集部分完成数据的采集、分析等。

试件采用两端为扁形标准扭转试件，按《金属材料 室温扭转试验方法》（GB/T 10128—2007）中的规定制作，试件的两端与实验机的上、下扭转夹头相连接。为方便观测试件的变形，实验前需用游标卡尺测量出试件的最小直径（d_0）。为方便观测试件的变形、观察实验现象，实验前在试件上作一组如图 2-30 所示的矩形框标记。

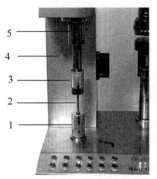

图 2-31 扭转实验试件的装夹
1、3—扭转上下夹头；2—扭转试件；4—左立柱；5—扭矩传感器

2）装夹、加载方案：

安装好的试件如图 2-31 所示。试件两端为扁形，扭转实验时，试件的两端与实验机的上、下扭转夹头连接，夹头中间有矩形加载槽。上夹头通过花键轴与扭矩传感器连接，花键轴在扭矩传感器中可上下滑动，以适合安装试件。下夹头通过双键与实验机的扭转轴连接。扭转时，扭矩传感器固定不动，扭转电动机带动下夹头转动，试件受到扭转。

3）数据测试方案：

扭矩通过上夹头-花键轴传至扭矩传感器，试件的转角通过安装在扭转轴上的光电编码器转化为电压方波信号，转轴每转过一个确定的角度，光电编码器就输出一个方波信号。这样，通过记录方波的数量就可以知道试件的转角，扭转时，数据采集系统每检测到一个方波就记录一次数据，并将方波数量代表的转角作为 X 轴，扭矩作为 Y 轴显示数据，这样就得到了扭转实验的扭矩-转角曲线。

4）数据的分析处理：

数据采集分析系统，实时记录试件所受的扭矩及转角，并生成扭矩、转角曲线。图 2-32 为实测低碳钢 Q235 扭转 T-φ 曲线，图 2-33 为实测灰口铸铁 HT200 的扭转 T-φ 曲线。

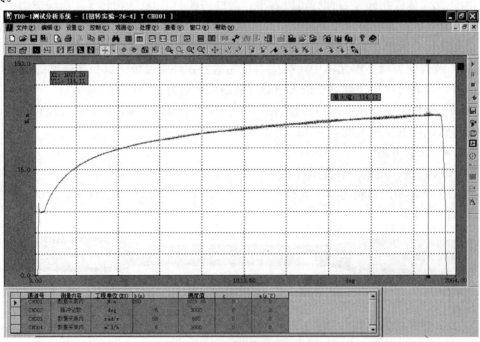

图 2-32 实测低碳钢 Q235 扭转 T-φ 曲线

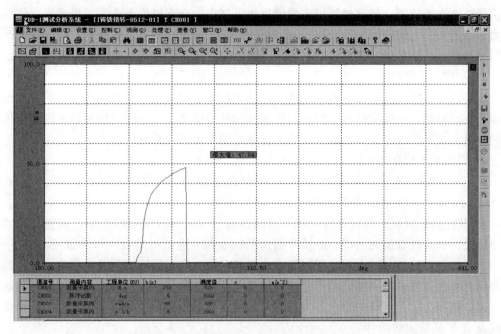

图 2-33　实测灰口铸铁 HT200 扭转 $T\text{-}\varphi$ 曲线

在图 2-32 低碳钢 Q235 扭转 $T\text{-}\varphi$ 曲线中,横坐标为试件的转角,纵坐标为试件所受的扭矩,从 $T\text{-}\varphi$ 曲线可以清晰地区别低碳钢扭转实验的弹性阶段、屈服阶段,并可方便地读取屈服扭矩、极限扭矩。

得到相关数据后,依据实验原理,就可以得到所需要的力学指标。

2.3.5　完成实验预习报告

在了解实验原理、实验方案及实验设备操作后,就应该完成实验预习报告。实验预习报告包括:明确相关概念、预估试件的最大荷载、明确操作步骤等,在完成预习报告时,有些条件实验指导书中已给出(包括后续的实验操作步骤简介)、有些条件为已知条件、有些条件则需要查找相关标准或参考资料。通过预习报告的完成,将有利于正确理解及顺利完成实验。

有条件的学生可以利用多媒体教学课件,分析以往的实验数据、观看实验过程等。

完成实验预习报告,并获得辅导教师的认可,是进行正式实验操作的先决条件。

2.3.6　实验操作步骤简介

1) 试件原始参数的测量及标距的确定:

实验采用标准短试件,试件形状见图 2-30,用游标卡尺在标距长度的中央和两端的截面处,按两个垂直的方向测量试件的直径,填入实验表格取三组数据平均值的最小值进行计算。计算出扭转试件的抗扭截面系数 W_P。

为了更好地观察实验现象,实验前,在扭转试件表面制作一组矩形框标记,实验中应注意观察矩形框的变化。

2) 装夹试件:

在确信设备和采集环境运行良好后,便可以进行试件的装夹,安装时,将试件的一端安装在上夹头内,下拉上夹头,使试件的另一端接近下夹头,通过控制电动机正反向转动，调整下夹头位置，使试件可以方便地进入下夹头，向下轻推上夹头，松手后，依靠摩擦力保证上夹头不被拉回。反复扭转时，需使用夹头紧定螺钉。

这样便完成了试件的装夹。

3）连接测试线路：

按要求连接测试线路，一般第三通道选择测扭矩，第八通道选择测转角，第七通道进行扭转方向判断。连接实验机上的转角传感和扭转传感接口。连线时应注意不同类型传感器的测量方式及接线方式。连线方式应与传感器的工作方式相对应。

4）设置数据采集环境：

① 进入测试环境。首先检测仪器。检测到仪器后，系统将自动给出上一次实验的测试环境。或通过文件-引入项目和所需要的采集环境。

② 设置测试参数。测试参数是联系被测物理量与实测电信号的纽带，设置合理的测试参数是得到正确数据的前提。测试参数由系统参数、通道参数及窗口参数三部分组成。其中，系统参数包括测试方式、采样频率、报警参数、实时压缩时间及工程单位等；通道参数反映被测工程量与实测电信号之间的转换关系，由测量内容、转换因子及满度值等组成；窗口是指为了在实验中显示及实验完成后分析数据而设置的曲线窗口，曲线分为实时曲线及 X-Y 函数曲线两种。

第一项，系统参数。采样频率：$50\sim200\text{Hz}$，当每个脉冲为 $0.6°$ 时最好选择 50Hz，当每个脉冲为 $0.144°$ 时最好选择 200Hz。

测试方式：扭转测试的实时压缩时间：300s。

若进行反复扭转实验时需设置换向判断通道及报警通道。通常情况下 8CH 固定用于转角脉冲计数，7CH 用于转角方向判断，反复扭转时可选择扭矩或转角通道作为报警通道，并选择相应的报警值。

需要注意的是：传感器的接线一定要与通道的参数设置相对应，8CH 固定用于转角测试。

报警通道与报警的选择和实验的类型有关，并需与实验机的控制方式相结合，在进行反复扭转实验时，需启动实验机扭转自动控制功能。

第二项，通道参数。通常选择 3CH 测扭矩，7CH 进行扭转方向判断，8CH 固定选择测转角。需要选择及输入的参数有测量内容、工程单位、修正系数，并选择相应的满度值。

需要注意的是：需将 8CH（固定选择测转角）通道的测量内容设置为"脉冲计数"，且"脉冲计数"功能只有在系统参数中将测试方式设置为"扭转测试"时方可选择，且只有一个通道可选为"脉冲计数"。选为"脉冲计数"的通道需将其满度值设为 5000mV，由于 a、c 均为 0，显示值为 $5000b$，b 为每个脉冲代表的转角。如当 $b=0.6$ 时满度值指示值为 3000，$b=0.144$ 时满度值指示值为 720。

7CH 为方向判断通道，测量内容选择为"电压测量"（或"数据采集内"），b 可选为 1，满度值为 5000mV。

第三项，窗口参数。可以开设两个数据窗口，左窗口为扭矩、转角的实时曲线窗口；右窗口为扭矩、转角的 X-Y 曲线窗口，并设定好窗口的其他参数如坐标等。坐标参数设置时，需对被测试件的极限扭矩及变形进行预估，这样可以得到较好的图形比例。

需要注意的是：在扭转测试时，数据的记录方式是以脉冲为触发的，即使在普通绘图方式时，窗口的横坐标是转角而不是时间，且转角只有正值，即使在反向扭转时，转角也是一直在增加的。

在进行反复扭转实验时，在 X-Y 方式下，转角有正负之分，正向扭转为正，反向扭转为负。

对比当前各参数与实际的测试内容是否相符，若相符进入"数据预采集"；若不符，则应选择正确的参数或通过引入项目的方式引入所需的测试环境。

③ 数据预采集。检查采集设备各通道显示的满度值是否与通道参数的设定值一致，如不一致，需进行初始化硬件操作，单击菜单栏中的"控制"，选择"初始化硬件"，就可以实现采集设备满度值与通道参数设置满度值一致。

单击菜单栏中的"控制"，选择"平衡"，对各通道的初始值进行硬件平衡，可使所采集到的数据接近零，然后单击菜单栏中的"控制"，选择"清除零点"，"清除零点"为软件置零，可将平衡后的残余零点清除。

由于传感器输出的电压在平衡时可能为较高的电压，对于平衡范围较小的测试系统有时会超出采集系统的平衡范围，此时若信号经平衡后的数值过大，在"清除零点"时会有相应提示，且仪器的相应通道会有过载指示，说明通道的初始值过大，尤其是脉冲计数通道容易出现此情况，说明脉冲计数通道电压处于高电平，此时应启动扭转，然后停止，重新"平衡""清零"，观察"过载指示"是否清除，若未清除则重复上述操作，直至"过载指示"清除为止。对于平衡前有过载指示，平衡后指示消失的情形，说明仪器本身记忆的初始平衡值过大，属正常情况。

单击菜单栏中的"控制"，选择"启动采样"，选择数据存储目录，便进入相应的采集环境，此时并没有采集到数据，这是因为数据采集系统每检测到一个方波就记录一次数据，扭转电动机没有启动时，光电编码器没有转角输出，采集系统并不记录数据。选择"正向扭转"，启动电动机正向扭转，数据采集系统显示采集到的零点数据，在 X-Y 图中，转角正向增加，用手扭动扭转上夹头，采集到的扭矩就产生了相应的变化，正向扭矩为正值，反之为负值。此时，选择"反向扭转"，启动电动机反向扭转，在 X-Y 图中，转角负向减少。证明采集系统和设备均能正常工作。

单击菜单栏中的"控制"，选择"停止采样"，停止采集数据，并分析所采集的数据，确认所设置的各参数正确。

这样就完成了数据采集环境的设置。

5) 加载测试：

在试件装夹完毕，并确定数据采集系统能正常工作后，就可以进行加载测试了。其具体操作步骤如下：

选择"控制""平衡""清除零点""启动采样"，选择存储目录后便开始采集数据。实验时可以通过显示实时数据全貌窗口来观测试件扭转全过程，单击"显示数据全貌"图标，调入显示数据全貌窗口，重排显示窗口，选择被测通道，调整窗口坐标。然后选择"正向扭转"，开始数据采集，试件很快进入屈服阶段，并很快进入强化阶段。注意观察标距线的变化，横向标距线的距离不变，竖向标距线变成螺旋线而且间距变短。由于标距线的距离不断伸长，原来清晰的标距线变得不太清晰。持续扭转，试件断裂后，将上夹头拉起，停止采集数据，停止扭转。取出断裂试件，观察端口形式及标距线的变化。注意观察实验各阶段现象及标记线的变化。

需要在实验过程中调节转速时，可以旋转"扭转调速"转轮：顺时针旋转电动机转速加快，反之降低，直至停止。实验时可根据不同实验阶段进行相应调整。

反复扭转时，需启动扭转自动控制功能，并根据需要在测试过程中调整报警参数。

2.3.7　分析数据完成实验报告

1）验证数据：

首先关闭"显示数据全貌"窗口，在扭矩-转角窗口显示全部实验数据，并验证数据的正确性。从低碳钢扭转实验曲线中应能清晰地看到低碳钢扭转时的屈服阶段及强化阶段，铸铁则无屈服阶段。

2）读取数据：

选择双光标，放大左图屈服阶段，读取屈服扭矩 T_s，极限扭矩 T_b 及转角 φ。

3）分析数据：

将得到的实验数据填入相应表格，屈服扭矩，极限扭矩，这样就得到了抗扭屈服强度、抗扭强度、剪切屈服强度以及剪切强度。

需要注意的是：

在分析数据时需特别注意区别抗扭强度与剪切强度，抗扭强度的定义是针对荷载类型定义的，有利于不同材料间的相互比较，但无法反映材料的真实应力状态。剪切强度是按材料破坏时的应力状态定义的，能够反映材料破坏时的真实应力状态，但不同材料破坏时的应力状态并不相同，计算时不同材料需根据材料的破坏特征确定计算公式。

4）完成实验报告：

通过观察实验现象、分析实验数据就可以进行实验报告的填写了，依据实验原理，将所测得各参数代入相应的计算公式即可得到相应的力学指标。但在各参数的测量过程中，应明确各参数的准确定义，并尽可能减小测量误差。完成实验报告的各项内容。并总结实验过程中遇到的问题及解决方法。

2.3.8　实验注意事项

1）在紧急情况下，没有明确的方案时，按急停按钮。

2）扭转实验的测试方式为"扭转测试"。

3）进行数据采集的第一步为初始化硬件，初始化完成后应确认采集设备的量程指示与通道参数的设定值一致，且平衡后各通道均无过载现象。

4）在进行通道参数设置时，需对测量内容为"脉冲计数"的通道进行复选确定。

5）在正式装夹试件实验前，需先打开扭转启动，手拧上夹头确定采集系统正常工作后进行试件装夹。

6）试件装夹时应先装上夹头再装下夹头。

§2.4　电测法测定材料的弹性模量 E 和泊松比 ν 实验

2.4.1　概述

弹性模量 E（也称杨氏模量）是表征材料力学性能中弹性阶段的重要指标之一，它反映了材料抵抗弹性变形的能力。泊松比 ν 反映了材料在弹性范围内，由纵向变形引起的横向变形的大小。在对构件进行刚度稳定和振动计算、研究构件的应力和变形时，要经常用到 E 和 ν 这两个弹性常数。而弹性模量 E 和泊松比 ν 只能通过实验来测定。

2.4.2　实验目的

1）测定低碳钢的弹性模量 E 和泊松比 ν。

2）验证胡克定律。

3）了解电阻应变片的工作原理及贴片方式。

4）了解应变测试的接线方式。

2.4.3　实验原理

弹性模量 E 和泊松比 ν 是反映材料弹性阶段力学性能的两个重要指标，在弹性阶段，给一个确定截面形状的试件施加轴向拉力，在截面上便产生了轴向拉应力 σ，试件轴向伸长，单位长度的伸长量称为应变 ε，同样，当施加轴向压力时，试件轴向缩短。在弹性阶段，拉伸时的应力与应变的比值等于压缩时的应力与应变的比值，且为一定值，称为弹性模量 E：

$$E = \frac{F/S_0}{\Delta L/L} = \sigma/\varepsilon$$

在试件轴向拉伸伸长的同时，其横向会缩短，同样，在试件受压轴向缩短的同时，其横向会伸长，在弹性阶段，确定材质的试件拉伸时的横向应变与试件的纵向应变的比值等于压缩时横向应变与试件的纵向应变的比值，且同样为一定值，称为泊松比 ν：

$$\nu = \left| \frac{\Delta L_{横}/L_0}{\Delta L_{纵}/L_0} \right| = \left| \frac{\varepsilon_{横}}{\varepsilon_{纵}} \right|$$

这样，弹性模量 E 和泊松比 ν 的测量就转化为拉、压力和纵、横向应变的测量，拉、压力的测量原理同拉、压实验，应变的测量采用电阻应变片电测法原理。

电阻应变片可形象地理解为按一定规律排列有一定长度的电阻丝，实验前通过胶粘的方式将电阻应变片粘贴在试件的表面，试件受力变形时，电阻应变片中的电阻丝的长度也随之发生相应的变化，应变片的阻值也就发生了变化。实验中采用的应变片是由两个单向应变片组成的十字形应变花，所谓单向应变片，就是应变片的电阻值对沿某一个方向的变形最为敏感，称此方向为应变片的纵向，而对垂直于该方向的变形阻值变化可忽略，称此方向为应变片的横向。利用应变片的这个特性，在进行应变测试时，所测到的只是试件沿应变片纵向的应变，其不包含试件垂直方向变形所引起的影响。对于单向电阻应变片而言，在其工作范围内，其电阻的变化与试件的变形有如下的关系：

$$\frac{\Delta R}{R} = K_{应} \frac{\Delta L}{L} = K_{应}\,\varepsilon \tag{2-1}$$

$K_{应}$ 称为电阻应变片的灵敏度系数，不同材料的电阻应变片灵敏度系数不同，常用应变片的灵敏度系数 $K_{应}$ 一般在 2.1 左右，即使同一批应变片的灵敏度系数也并非相同，如在该实验中所粘贴的电阻应变片的阻值 $R = (120.2 \pm 0.3)\ \Omega$，$K = 2.19\% \pm 1\%$。通常应变片应变极限为 $\varepsilon \leqslant 2\%$，但有些特制的应变片其应变极限可达到 20%。

由于常用钢材的应力达到弹性极限时，$\varepsilon < 0.2\%$，所以可以采用粘贴应变片的方式来

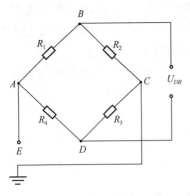

图 2-34　惠斯登电桥原理图

测量试件的应变，这样对试件应变的测量就转化成对应变片 $\Delta R/R$ 的测量。常用的测量方式是采用惠斯登电桥进行测量。其原理如图 2-34 所示。

惠斯登电桥由 4 个桥臂电阻 R_1、R_2、R_3、R_4 组成，供桥电压由 A、C 点输入，输出电压为 U_{DB}。假定电桥的初始状态为 $R_1/R_2=R_3/R_4$，此时电桥输出电压 $U_{DB}=0$，称为平衡电桥。极限情况为 $R_1=R_2=R_3=R_4=R$。

现在假定，$R_1=R_2=R_3=R_4$，电阻应变片 R_1 粘贴在被测试件上，其余应变片粘贴在非受力试件上，在不考虑非受力原因引起的应变片电阻变化时，认为其为恒定值。这样应变片 R_1 由于试件变形产生 ΔR 的变化时，输出电压 U_{DB} 也会产生相应的变化 ΔU_{DB}，由于电桥初始状态为平衡电桥，即 $U_{DB}=0$，故有：

$$\Delta U_{DB}=U_{DC}-U_{BC}=\frac{1}{2}E-\frac{E}{R_1+\Delta R+R_2}R_2=\frac{1}{2}E-\frac{E}{2R+\Delta R}R=\frac{\Delta R}{4R+2\Delta R}E$$
$$=\frac{\Delta R/R}{4+2\Delta R/R}E$$

$$(2-2)$$

由于 ΔR 很小，所以

$$\lim(4+2\Delta R/R)=4$$

因此

$$\Delta U_{DB}=\frac{\Delta R/R}{4}E=\frac{K_{应}\,\varepsilon_1}{4}E=K_{应}\,K_{仪}\,\varepsilon_1 \qquad (2-3)$$

通过计算机数据采集系统，对桥路输出的电压进行放大、离散采集及数据二次运算，就可以得到被测试件的应变 ε。

$$\varepsilon=K_{应}\,K_{仪}\,\varepsilon_1$$

调整 $K_{仪}=1/K_{应}$，则 $\varepsilon=\varepsilon_1$，同样可以推导，电阻应变片 R_2 粘贴在被测试件上，其余应变片粘贴在非受力试件上时，有

$$\varepsilon=-\varepsilon_2$$

当 4 个电阻应变片全部粘贴在被测试件上时，有

$$\varepsilon=\varepsilon_1-\varepsilon_2+\varepsilon_3-\varepsilon_4 \qquad (2-4)$$

在实际测试中，把粘贴在试件上变形的应变片称为工作片，把粘贴在非受力构件上在实验中不变形的应变片称为补偿片，因为在实际的测试过程中，引起应变片电阻变化的不仅是 ε，温度、湿度等的变化也能导致电阻应变片电阻的变化。例如，对于截面均匀的导体，当导体的材料温度一定时

$$R=\rho_0(1+\alpha T)\frac{L}{S} \qquad (2-5)$$

式中　ρ_0——材料在 0℃时的电阻率；

　　　α——材料的电阻温度系数。

这些由非试件变形等原因导致的电阻变化，对于工作片和补偿片产生的影响往往是相

同的，由式（2-4）可以看出，由于工作片与补偿片在不同的桥臂上，相同的变化量会相互抵消，所以在测试过程中通过将补偿片粘贴在与工作片具有相同材质的构件上，且与工作片处于相同的工作环境中，这样就可以使补偿片感知与工作片相同的环境变化，产生大致相同的电阻变化，从而减小由于在测试过程中环境变化导致的测试误差，其中最主要的就是补偿由于温度变化引起电阻的变化，故通常称补偿片为温度补偿片。

这样通过给每一个工作片粘贴一个温度补偿片就可以减小由于环境变化引起电阻的变化而导致的测试误差，但这意味着随着工作片的增加，补偿片也需要等量地增加，这样就变得不方便和不经济，实际通常采用测量通道共用温度补偿片，通道分时切换测量的工作方式。但这种测量方式需有切换开关，采样速率较低。在较高速的多点采样时，多采用补偿通道的补偿方式，组桥时，工作应变片与补偿片分别与标准电阻组成独立的半桥，补偿通道等同于一独立通道，数据采集时，测量通道的数据与补偿通道的数据相减就可以起到补偿的作用，这样就可以实现多个工作片共用一个补偿片的补偿方式，习惯上称为1/4桥。

在实际测试中，温度补偿片可以补偿由于环境变化引起的误差，但有些误差是温度补偿片无法消除的，如在弹性模量实验轴向拉伸时，由于制作精度及装夹等原因会产生附加弯矩，使得在试件两侧对称粘贴的应变片一侧大于理论值而另一侧小于理论值，且两绝对值误差基本相等，根据桥路误差补偿原理，此时采用单一通道1/2桥补偿时不仅无法去掉该误差，反而将被测量的理论值补偿掉。对于此类理论值相同，而误差方向相反的应变的测量，桥臂为单片时，需采用全桥的补偿方式，在1/2桥或1/4桥时需采用将两应变片串联起来组成一个桥臂的工作方式，原理图如图2-35所示，在图2-35中，$R_{纵前}$为粘贴在测试试件前侧的纵向应变片，$R_{补前}$为粘贴在补偿试件前侧的纵向应变片，其余依此类推，R_3、R_4为仪器内部提供的标准电阻，一般为120Ω。这样相对于只测单面应变

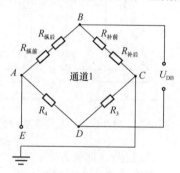

图 2-35　应变片串联
半桥补偿原理图

片的测量方式就可以消除拉伸时由于试件附加弯曲等原因导致的试件前后面变形不均匀导致的误差。应变片在1/2桥补偿方式时测得的电阻的变化比值为 $2\Delta R/2R = \Delta R/R$，等于测得的单片应变值；当组成1/4桥时，由于补偿电阻为仪器内置电阻，电桥为非平衡电桥，此时测得的应变值需根据串联后的阻值进行相应的修正，通常计算机数据采集系统均带应变片阻值修正功能，修正时只需输入串联后的阻值即可。实际上，影响应变测量的不仅有应变片的阻值，还有电阻应变片的灵敏度系数、导线电阻等均可对测试结果产生影响，在测试参数中输入相应的数值即可消除其带来的误差。

用游标卡尺测得试件的截面尺寸，从而得到试件的截面面积，通过拉压力传感器测得试件所受的荷载，用电阻应变片电测法得到试件的应变，将上述值代入相应的公式，即可得到该材料的弹性模量 E 和泊松比 ν。

2.4.4　实验方案

1）实验设备、测量工具及试件：

YDD-1 型多功能材料力学实验机（图2-8）、150mm 游标卡尺、弹性模量泊松比实验试件尺寸如图2-36所示。

YDD-1 型多功能材料力学实验机由实验机主机部分和数据采集分析部分组成，实验机主机部分由加载机构及相应的传感器组成，数据采集分析部分完成数据的采集、分析等。

试件采用钢制类似矩形截面的试件，其中两个面为矩形，另外两个面为半圆形，试件的两端有加载用的凸台或螺母，试件有两种，单向拉伸试件和双向拉压试件，单向拉伸试件只能施加轴向拉力，双向拉压试件可以施加轴向拉、压力。在两个矩形面的中央，粘贴有十字形电阻应变片，用以测量试件的纵、横向应变。安装好的弹模试件如图 2-37 所示。

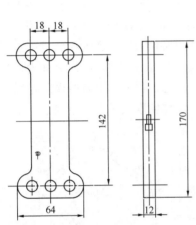

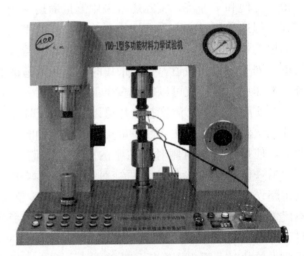

图 2-36 弹性模量泊松比实验试件尺寸　　　图 2-37　安装好的弹模试件

2）装夹、加载方案：

弹模试件的装夹过程如图 2-38 所示。实验时，弹模试件的两端通过凸台或螺母与实验机的上、下夹头套连接，可传递拉力或压力。下夹头下行时，试件受拉；下夹头套上升时，试件受压。

图 2-38　弹模试件的装夹过程

（左图：将连接件安装在夹头上；右图：将弹模试件安装在连接件上）

需要注意的是：在单一拉伸加载时，为保证试件受力均匀，应将上夹头套设置成同拉伸实验一样的铰接状态，而在交变加载时需将上夹头套设置成同压缩实验一样的固接状态，以免在拉压转换时，连接上夹头套的拉杆与实验机上横梁肋板挤压变形。

实验时，拉、压加载的换向可通过控制油缸上、下行按钮实现，也可以通过设置通道报警功能自动换向。通过控制进油手轮的旋转来控制加载速度。

3）数据测试方案：

拉、压力的大小测试同拉压实验。应变通过粘贴的电阻应变片测量，应变测量的相关原理及连线方式参见"应变测试及等强度梁实验"。为减小变形不对称的影响，实验中往往采用应变片串联的桥路方式。即将前后两个相同方向的应变片串联起来以消除附加弯矩产生的影响。

4）数据的分析处理：

数据采集分析系统，实时记录试件所受的力及应变，并生成力、变形实时曲线及力、应变 X-Y 曲线、纵向应变-横向应变 X-Y 曲线，图 2-39 为在 YDD-1 型多功能材料力学实验机上测 45 号钢弹性模量 E 和泊松比 ν 的实测曲线。中间窗口为荷载、应变实时曲线；右窗口为荷载-应变关系曲线，纵坐标-荷载，横坐标-纵向应变；横向应变；左窗口为纵、横向应变的关系曲线，纵坐标-横向应变，横坐标-纵向应变。

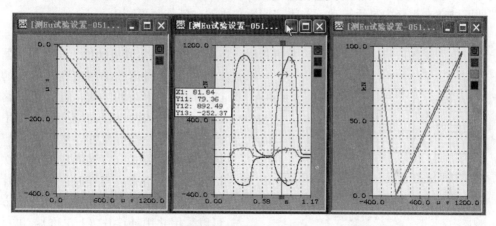

图 2-39 45 号钢弹性模量 E 和泊松比 ν 的实测曲线

为了验证所采集的数据为试件在弹性阶段的数据，采用按荷载分级处理数据的方式，以验证试件是否处于弹性变形阶段。读数时，采用单光标，以荷载值为分级标准，选取适当的级差，依次读取相应的荷载及应变。需要注意的是，为了避免零点误差，第一级荷载一般不从零点开始，而是将荷载级差作为零点荷载。

将测得的数据代入相应的公式，即可得到该材料的弹性模量 E 和泊松比 ν。

2.4.5 完成实验预习报告

在了解实验原理、实验方案及实验设备操作后，就应该完成实验预习报告。实验预习报告包括：明确相关概念、预估试件的最大荷载、明确操作步骤等。在完成预习报告时，有些条件实验指导书中已给出（包括后续的实验操作步骤简介）、有些条件为已知条件、有些条件则需要查找相关标准或参考资料。通过预习报告的完成，将有利于正确理解及顺利完成实验。

有条件的学生可以利用多媒体教学课件，分析以往的实验数据、观看实验过程等。

完成实验预习报告，并获得辅导教师的认可，是进行正式实验操作的先决条件。

2.4.6 实验操作步骤简介

1）试件原始参数的测量：

实验采用圆柱体铣平试件，试件形状及尺寸见图 2-36，用游标卡尺在粘贴应变片中部的两侧，多次测量试件直径 D 和厚度 H，计算试件的截面面积 S_0，并查相关资料，预估其弹性阶段极限承载力。

2）试件装夹：

与拉伸实验试件的装夹类似，首先确定实验机的状态，单向拉伸时，上部转接套处于铰接状态，拉压交变加载时，上部转接套处于固接状态。下转接套安装在转换杆上，关闭"进油"手轮，打开"压力调整"手轮。

调整实验机下夹头套的位置，操作步骤：关闭"进油"手轮，打开"调压"手轮，选择"油泵启动"，"油缸上行"，打开"进油"手轮，下夹头套上行（此时严禁将手放在上、下夹头套的任何位置），至合适位置后，关闭"进油"手轮。将上、下夹头套开口的位置对齐，将试件沿上、下夹头套的开口部位安装到上、下夹头套内。调整下夹头套至拉伸位置使得试件加载凸台（或螺母）与夹头套的间隙在 2～3mm 时，关闭"进油"手轮，此时试件可以在夹头套内灵活转动。关闭"调压"手轮，试件装夹完毕。

3）连接测试线路：

按要求连接测试线路，一般第一通道测拉、压力，连接到实验机的拉、压力传感器接口上。其余通道选择测应变，应变的测试采用双片串联的方式，首先用短路线将两个纵向和两个横向应变片分别串联起来，包括补偿应变片，然后采用快速插头连接的方式，将被测应变片依次连接到测试通道中，连接时注意应变片的位置与测试通道的对应关系，补偿方式可以采用共用补偿片（1/4 桥），也可采用自带补偿片（1/2 桥）的方式。采用不同的补偿方式在选择通道参数时需对应不同桥路测量方式，1/4 桥为方式 1，1/2 桥为方式 2。1/4 桥的接线方式如图 2-40 所示。

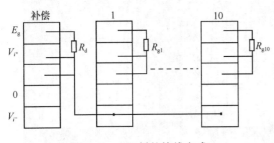

图 2-40　1/4 桥的接线方式

4）设置数据采集环境：

① 进入测试环境。首先检测仪器。检测到仪器后，系统将自动给出上一次实验的测试环境。或通过文件引入项目，引入所需要的采集环境。

② 设置测试参数。测试参数是联系被测物理量与实测电信号的纽带，设置正确合理的测试参数是得到正确数据的前提。测试参数由系统参数、通道参数及窗口参数三部分组成。其中，系统参数包括测试方式、采样频率、报警参数、实时压缩时间及工程单位等；通道参数反映被测工程量与实测电信号之间的转换关系，由测量内容、转换因子及满度值等组成；窗口参数是指为了在实验中显示及实验完成后分析数据而设置的曲线窗口，曲线分为实时曲线及 X-Y 函数曲线两种。

第一项，系统参数。采样频率："20～100Hz""拉压测试"，需要特别注意的是，测材料弹性模量和泊松比实验是一个非破坏性实验，需要通过设置报警通道来保护试件。当实测数据达到报警设定值时，油缸就会按照指定的要求反向运行或停止运行，报警通道一般设置为测力通道，报警值由实验预估最大荷载确定，如当控制最大纵向应变为 $800\mu\varepsilon$ 时，所加的拉、压力应小于 100kN，此时，设置报警参数上限为 100kN，下限为 -100kN 时，就可以保证最大应变不超过 $800\mu\varepsilon$，以保证试件的安全。

第二项，通道参数。1CH 测量试件所受的拉、压力，同拉、压实验设置相同的修正系数。另外，选出两个通道测量应变，对于设置为应力应变的通道需将其修正系数设置为"1"。单击"应力应变"进入应力应变测试参数设置，由于采用共用补偿片，需要输入桥路类型——选择"方式一"，当选择"方式一"时需要输入的参数有应变计电阻、导线电阻、灵敏度系数、工程单位，并选择相应的满度值。应变通道的参数设置如图 2-41 所示。

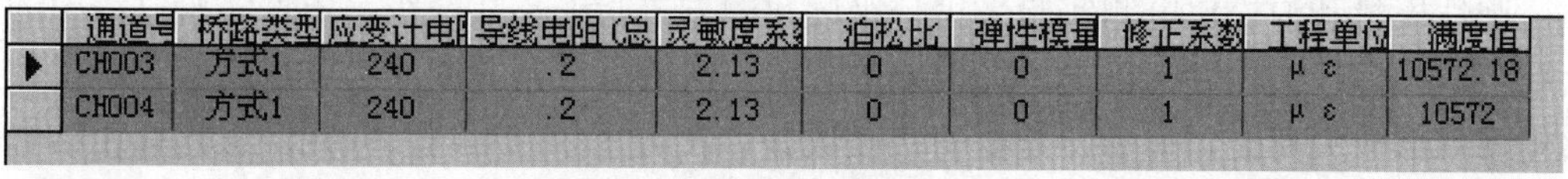

通道号	桥路类型	应变计电	导线电阻(总	灵敏度系	泊松比	弹性模量	修正系数	工程单位	满度值
CH003	方式1	240	.2	2.13	0	0	1	μ ε	10572.18
CH004	方式1	240	.2	2.13	0	0	1	μ ε	10572

图 2-41 应变通道的参数设置

第三项，窗口参数。可以开设 3 个数据窗口，中间窗口：荷载-应变实时曲线；右窗口：纵坐标-荷载关系曲线，横坐标-纵向应变关系曲线和横向应变-纵坐标关系曲线；左窗口：纵坐标-横向应变，横坐标-纵向应变。并设定好窗口的其他参数如坐标等。

③ 数据预采集。检查采集设备各通道显示的满度值是否与通道参数的设定值相一致，若不一致，需进行初始化硬件操作，单击菜单栏中的"控制"，选择"初始化硬件"，就可以实现采集设备满度值与通道参数设置满度值相一致。

单击菜单栏中的"控制"，选择"平衡"，对各通道的初始值进行硬件平衡，可使所采集到的数据接近零，然后单击菜单栏中的"控制"，选择"清除零点"，"清除零点"为软件置零，可将平衡后的残余零点清除。

单击菜单栏中的"控制"，选择"启动采样"，选择数据存储目录，便进入相应的采集环境，采集到相应的零点数据，此时启动油泵，选择"压缩上行"或"拉伸下行"，打开"进油"手轮，使下夹头套上行或下行，此时所采集到的数据便会发生相应的变化，将下夹头套调整到拉伸位置，此时从实时曲线窗口内便可以读到相应的力和位移的零点数据，证明采集环境和设备均能正常工作。单击菜单栏中的"控制"，选择"停止采样"，停止采集数据，并分析所采集的数据，确认所设置的各参数是否正确。

5）加载测试：

在确信采集环境和设备运行良好以后，便可以开始正式的加载测试了。首先设置实验机所处的状态，关闭"进油"手轮，关闭"调压"手轮，选择"拉压自控""油泵启动""拉伸下行"，前面已经设置好了采集环境，只需要"控制""平衡""清除零点""启动采样"，测试到零点数据。打开"进油"手轮进行拉伸加载，实验过程中通过"进油"手轮的旋转来控制加载速度。从中间窗口内可以读到试件所受的力以及试件的纵向应变和横向应变，至合适拉伸值时打开"压力控制"手轮，选择"压缩上行"，至力归零后，关闭"压力控制"手轮，通过"进油"手轮控制加载速度，进行压缩加载，至合适压缩值时打开"压力控制"手轮选择"拉伸下行"，至力归零后，关闭"压力控制"手轮，进行拉伸加载，通过旋转"进油"手轮控制加载速度。加载至合适值后，再卸载，进行压缩加载。这样循环测试 3～4 组正确的数据后，在试件处于非受力的状态下就可以关闭"进油"手轮，停止采样。"油泵停止""拉压停止""自控停止"。这样就完成了加载测试的过程。

当然，也可以通过通道报警功能，控制拉压自动换向加载，由于在自动换向时，系统处于高压状态，试件有突然卸载现象。

2.4.7　数据分析

1）验证数据：

首先回放实验加载的全过程，然后把数据调进来，显示全部数据，预览全部数据，观察数据的变化规律，验证数据的正确性。

2）读取数据：

弹性模量和泊松比电测实验采用分级读数的方式验证，共 5 级，依据实验过程中的最大荷载，确定级差，为消除起始点误差的影响，一般将级差荷载作为零点荷载。通过数据移动及局部放大功能，显示所需要的一段数据，采用光标拖动与方向键微移光标相结合的方式，选取合适的荷载值，同时读取该荷载下的纵向应变和横向应变，填入实验表格，然后依次读取下一级的荷载及其对应的应变值，填入实验表格。

需要注意的是：由于采用拉、压双向加载测试，分析数据时需要分析两组数据，拉伸段、压缩段。对于用油压传感器测力的系统，测力通道需根据拉压段输入不同的系数。

3）分析数据：

通过实验前的测量及实验后的数据读取就得到了所需要的数据，代入相应的公式或计算表格即可得到弹性模量 E 和泊松比 ν。需要注意的是，由于采用拉、压双向加载测试，分析数据时需要分析两组数据，拉伸段、压缩段，并注意正反向数据的比对。

4）完成实验报告：

通过观察实验现象、分析实验数据就可以进行实验报告的填写了，完成实验报告的各项内容，并总结实验过程中遇到的问题及解决方法。

2.4.8　实验注意事项

1）在紧急情况下，没有明确的方案时，按急停按钮。

2）上夹头套应处于活动铰状态，但不应旋出过长，夹头套与上横梁间隙应在 3～10mm。

3）在装夹试件确定油缸位置时，严禁在油缸运行时手持试件在夹头套中间判断油缸的位置。

4）装夹试件时要调整好试件下部螺母与下夹头套的间隙，间隙在 3mm 左右较为合适。

5）实验初始阶段加载要缓慢。

6）进行数据采集的第一步为初始化硬件，初始化完成后应确认采集设备的量程指示与通道参数的设定值一致，且平衡后各通道均无过载现象。

7）试件装夹及拆卸过程中应注意对应变片、接线板及测试线的保护。

8）在 2009 年前的实验机上进行纯弯梁等电测类实验时，实验操作人员可能未按照规定操作，没有及时关闭"进油"手轮而先停止数据采集时，实验机油缸活塞杆可能仍在向上或向下动作，此时容易造成试件特别是纯弯梁试件的不可逆损坏。因此进行如下升级：

在数据采集分析系统中增加了同步停止辅助功能，当实验人员首先停止数据采集时，数据采集分析系统自动发送一个电压控制信号，使运行中的实验机油缸活塞杆停止动作

5s 并报警，提示操作人员关闭进油手轮，避免试件损坏。

注意：操作者仍然应该在关闭实验机后，停止数据采集。

§2.5 梁弯曲正应力电测实验

2.5.1 概述

梁是工程中常用的受弯构件。梁受弯时，产生弯曲变形，在结构设计和强度计算中经常要涉及梁的弯曲正应力的计算，在工程检验中，也经常通过测量梁的主应力大小来判断构件是否安全，也可采用通过测量梁截面不同高度的应力来寻找梁的中性层。

2.5.2 实验目的

1）用应变电测法测定矩形截面简支梁纯弯曲时，观察横截面上的应力分布规律。

2）验证纯弯梁的弯曲正应力公式。

3）观察纯弯梁在双向交变加载下的应力变化特点。

2.5.3 实验原理

梁纯弯曲时，根据平面和纵向纤维之间无挤压的假设，得到纯弯曲正应力计算公式为：

$$\sigma = \frac{My}{I_z}$$

式中　　M——弯矩；

I_z——横截面对中性层的惯性矩；

y——所求应力点的纵坐标（中性轴为坐标零点）。

由上式可知梁在纯弯曲时，沿横截面高度各点处的正应力按线性规律变化，根据纵向纤维之间无挤压的假设，纯弯梁中的单元体处于单纯受拉或受压状态，由单向应力状态的胡克定律 $\sigma = \varepsilon \times E$ 可知，只要测得不同梁高处的 ε，就可计算出该点的应力 σ，然后与相应点的理论值进行比较，以验证弯曲正应力公式。

2.5.4 实验方案

1）实验设备、测量工具及试件：

YDD-1 型多功能材料力学实验机（图 2-8）、150mm 游标卡尺、四点弯曲梁试件（图 2-42）。

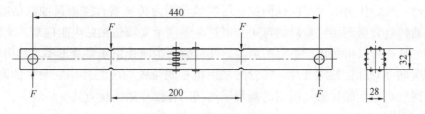

图 2-42　四点弯曲梁试件

YDD-1 型多功能材料力学实验机由实验机主机部分和数据采集分析两部分组成，实验机主机部分由加载机构及相应的传感器组成，数据采集分析部分完成数据的采集、分析等。

图 2-42 实验中用到的纯弯梁，矩形截面，在梁的两端有支撑圆孔，梁的中间段有 4 个对称半圆形分配梁加载槽，加载测试时，两半圆形槽中间部分为纯弯段，在纯弯段中间不同梁高部位、在离开纯弯段中间一定距离的梁顶及梁底、在加工有长槽孔部位的梁顶及梁底均粘贴电阻应变片。

2）装夹、加载方案：

安装好的试件如图 2-43 所示。实验时，四点弯曲梁通过销轴安装在支座的长槽孔内，形成滚动铰支座。梁向下弯曲时，荷载通过分配梁等量地分配到梁上部两半圆形加载槽，梁向上弯曲时，荷载通过分配梁等量地分配到梁下部两半圆形加载槽，分配梁的两个加载支辊，一个为滚动铰支座，另一个为滑动铰支座，这样就可保证梁在弯曲加载时不产生其他附加荷载。分配梁通过加载大销轴与弯曲、弯扭转接套连接，转接套通过保险小销轴与油缸活塞杆上的短转换杆连接，这样当控制油缸活塞杆下行时，梁便向下弯曲，梁上部受压、下部受拉，当控制油缸活塞杆上行时，梁便向上弯曲，梁上部受拉、下部受压。为使梁在反复弯曲过程中有一过渡阶段及安装方便，保险小销轴与油缸活塞杆上的短转换杆连接采用长槽连接。

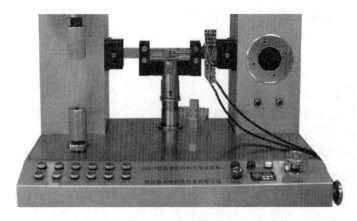

图 2-43　试件的装夹

实验时上、下弯曲加载的换向可通过控制油缸上、下行按钮实现，也可以通过设置通道报警功能自动换向。通过控制进油手轮的旋转来控制加载速度。

3）数据测试方案：

实验时，拉、压力的大小测试同拉、压实验，测力传感器直接测量油缸活塞杆的拉、压力，并通过计算得到梁纯弯段的弯矩。通过在不同梁高部位粘贴电阻应变片来测量该位置的应变，从而可以得到该梁高处的应力。实验时，为减小由于梁变形不对称引起的测量误差，在梁两侧对称粘贴应变片，实验时采用将相同位置的应变片串联测量的测试方式。为便于不同梁高应变的比较，应变的测量采用共用补偿片的测量方式。

4）数据的分析处理：

数据采集分析系统，实时记录试件所受的力及应变，并生成力、应变实时曲线及力、应变 X-Y 曲线，图 2-44 为在 YDD-1 型多功能材料力学实验机上实测的力、应变实时曲线。

此左窗口显示梁纯弯段中间部位梁高不同位置处的应变，右窗口显示梁纯弯段内不同

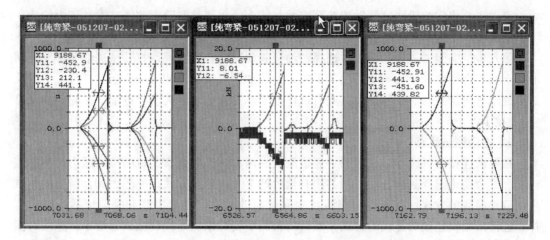

图 2-44　实测的力、应变实时曲线

部位最大应力的比较，中间窗口显示的是试件所受的力和中性层处的应变。

2.5.5　完成实验预习报告

同 2.4.5。

2.5.6　实验操作步骤简介

1）试件原始参数的测量：

四点弯曲正应力电测实验是典型的验证性实验，实验中不仅需要准确地测量梁所受的荷载及不同高度的应变，同时，为控制加载及实验完成后进行实验误差分析，实验前准确计算出梁不同高度应变的理论值，也是实验的重要组成部分。在实验过程中需要测量的原始参数有梁的截面高度 h、宽度 b、支座跨距 l、分配梁支座跨距 a 以及各应变片距梁中性轴的距离。在实验过程中需要已知的原始参数有材料的弹性模量 E、电阻应变片的灵敏度系数 K、阻值 R、导线电阻等。

2）试件装夹：

① 调定系统的工作压力。打开"压力调节"手轮，关闭"进油"手轮，"油泵启动""拉伸下行"，打开"进油"手轮至正常工作位置，油缸活塞杆下行至最低位置，此时压力表指示的压力就是系统工作时的最大压力，通过调整"压力控制"手轮的位置调节系统工作压力至要求值，梁纯弯曲正应力电测实验时，系统的工作压力设定为 2MPa。关闭"进油"手轮，"油泵停止"，"拉压停止"。

② 安装试件。

第一步，将短转换杆安装到油缸活塞杆的螺孔内，并调整转换杆上圆孔的位置，使圆孔正对实验机前方，调整时，控制油缸上行或下行，将圆柱销穿在短转换杆内，控制油缸上行或下行，调整圆孔的方向。

第二步，将弯曲、弯扭转接套安装到短转换杆上，并通过保险销轴连接。销轴采用由后至前的安装的方式，以利于实验中观察保险销轴在转接套长槽孔中的位置。加载时保险销轴可在弯曲、弯扭转接套的长槽孔内上下滑动。下弯时，通过销轴传力，上弯时，短转换杆直接推动弯曲、弯扭转接套。

第三步，将分配梁组合体平放到弯曲、弯扭转接套连接开口内。

第四步，将实验梁通过销轴连接到弯曲支座上，并调整实验梁使之基本在正中位置。

第五步，手提分配梁组合体，安装 4 个分配销轴。

第六步，关闭"进油"手轮，选择"油泵起动""压缩上行"，打开"进油"手轮控制油缸上行至合适位置，关闭"进油"手轮，安装加载大销轴。调整油缸活塞杆位置使保险销轴处于弯扭加载套的中间部位，此时试件处于非受力状态，关闭"进油"手轮"油泵停止""拉压停止"。

3）连接测试线路：

按要求连接测试线路，一般第一通道测拉、压力，连接到实验机的拉、压力传感器接口上。其余通道选择测应变，采用共用补偿片的 1/4 桥接线方式，见图 2-40，应变的测试采用双片串联的方式。首先用短路线将相同梁高的两片应变片串联起来，包括补偿应变片，连接采用快速插头连接的方式，然后将被测应变片依次连接到测试通道中，连接时注意应变片的位置与测试通道的对应关系，依次接入梁顶部应变片、梁上部 $h/4$ 处的应变片，中性层处的应变片，梁下部 $h/4$ 处的应变片，梁底应变片，梁顶部离开跨中一定距离的应变片，梁底部离开跨中一定距离的应变片等。

4）设置数据采集环境：

① 进入测试环境。首先检测仪器。检测到仪器后，系统将自动给出上一次实验的测试环境。或通过文件-引入项目，引入所需要的采集环境。

② 设置测试参数。测试参数是联系被测物理量与实测电信号的纽带，设置正确合理的测试参数是得到正确数据的前提。测试参数由系统参数、通道参数及窗口参数三部分组成。其中，系统参数包括测试方式、采样频率、报警参数、实时压缩时间及工程单位等；通道参数反映被测工程量与实测电信号之间的转换关系，由测量内容、转换因子及满度值等组成；窗口是指为了在实验中显示及实验完成后分析数据而设置的曲线窗口，曲线分为实时曲线及 X-Y 函数曲线。

第一项，系统参数。采样方式：采样频率一般选择"20～100Hz""拉压测试"，需要特别注意的是，纯弯梁实验是一个非破坏性实验，需要通过设置报警通道来保护试件。实验时，当实测数据达到报警设定值时，油缸就会按照指定的要求反向运行或停止运行，报警通道一般设置为测力通道，报警值由实验预估最大荷载确定，如当控制弯梁最大应变为 $800\mu\varepsilon$ 时，所加的拉、压力应小于 12kN 时，此时，设置报警参数上、下限为 ±12kN 时，就可以保证梁最大应变不超过 $800\mu\varepsilon$，以保证试件的安全。

第二项，通道参数。通道选择测量油缸活塞杆的拉压力，同拉压实验一样设置相应的修正系数。其余通道选择应力应变的测量方式，需要输入桥路类型-选择"方式一"，选择"方式一"时需要选择：应变计电阻、导线电阻、灵敏度系数、工程单位。

第三项，窗口参数。可以开设 3 个数据窗口，测量油缸活塞杆的拉压力与中性层应变的窗口、纯弯段中间不同梁高的应变窗口、纯弯段内不同位置最大应变窗口。并设定好窗口的其他参数如坐标等。

③ 数据预采集，验证报警参数。确定采集设备各通道显示的满度值是否与通道参数的设定值一致后，选择"控制"-"平衡"-"清零"-"启动采样"，输入相应的文件名，选择存储目录以后便进入了相应的采集环境。此时从实时曲线窗口内便可以读到相应的零点数据，证明采集环境能正常工作。

关闭"进油"手轮，选择"拉压自控"，"拉压下行"，打开"进油"手轮，控制加载速度，缓慢加载，注意观察保险销的位置，至上限报警值时油缸活塞杆自动反向向上运行，同样，当向上加载至下限报警值时，油缸活塞杆自动向下运行，证明报警功能可用。

并同时验证在该报警值下的应变值。若报警值不满足要求，可适时修改至合适值。验证完成后，观察保险销轴的位置，当保险销轴处于弯扭转接套的中间位置时，关闭"进油"手轮，停止采集数据。这样就完成了数据采集环境的设置。

若设备无通道报警功能时需设置限位开关的位置来控制自动反向运行，并进行验证。

5) 加载测试：

在确信设备和采集环境运行良好以后便可以开始正式的加载实验了。首先设置实验机所处的状态，关闭"进油"手轮，选择"拉压自控""油泵启动""拉伸下行"。前面已经设置好了采集环境，这里只需要选择"控制""平衡""清除零点""启动采样"。采集到所需要的零点数据。

打开"进油"手轮，进行加载，在加载时，应注意观察保险销轴的位置，当试件不受力时，可以加快加载速度；当试件接近受力时应放慢加载速度。利用通道报警自动反向运行功能或手动换向方式控制拉、压反复加载，采集到准确的三组反复弯曲数据后，当试件不受力时就可以关闭"进油"手轮，选择"拉压停止""油泵停止"按钮，然后停止采集数据。

2.5.7　分析数据完成实验报告

1) 验证数据：

首先回放实验加载的全过程，把数据调进来，显示全部数据，预览全部数据。将测力窗口设置成 X-Y 记录方式，X 轴梁顶应变、梁底应变，Y 轴测力通道，以验证应变与荷载的线性关系，及正反向弯曲时，应变的变化规律。

2) 读取数据：

验证梁弯曲正应力电测实验采用分级读数的方式分析数据，共 5 级，依据实验过程中的最大荷载，确定级差，为消除起始点误差的影响，将第一级荷载（2kN）作为起始数据。将测力窗口重新恢复为普通绘图方式，通过数据移动及局部放大功能，将多个窗口显示同样一段数据，采用光标同步的方式进行同步读数，读数时将主动光标放在测力窗口，采用光标拖动与方向键微移光标相结合的方式，选取合适的荷载值，此时应注意光标读数的小数点位数，测力通道：2 位，应变通道：1 位。

需要注意的是：由于采用拉、压双向加载测试，分析数据时需要分析两组数据，即拉伸弯曲段和压缩弯曲段。对于用油压传感器测力的系统，测力通道需根据拉、压段输入不同的修正系数。

3) 分析数据：

将读取的数据，依次填入相应的数据分析表格或代入相应的公式进行计算，将实测值与计算值相比较，分析误差原因。需要注意的是，由于采用交变加载，分析数据时需要分析两段正反向加载数据，并分别填入相应的表格中，注意正、反向数据的对比。

4) 完成实验报告：

通过观察实验现象、分析实验数据就可以进行实验报告的填写了，完成实验报告的各项内容，并总结实验过程中遇到的问题、解决方法及对该实验的改进建议。

在填写原始数据及实验结果时需要注意数据的读数应正确反映实验设备的分辨率，计算结果有效数字的位数应能反映实验的精度等。

2.5.8　实验注意事项

1）在紧急情况下，没有明确的方案时，按急停按钮。

2）打开实验机通过溢流阀或打开压力控制手轮设定系统的最大工作压力，以不超过3MPa为宜；实验时可先打开压力控制手轮以确保试件安全。

3）调整竖向加力杆开口位置时，需在油缸上行或下行的状态下进行，此时应特别注意手的位置。

4）在设置通道报警参数时应采用渐增的方式，可先设置较小的报警值，证明计算及报警系统可用后再设置相应的实验报警值。

5）在验证通道报警参数时需确保试件的安全，需有明确的报警失效的控制方案，如在开口很小的情况下控制进油手轮，使得可随时关闭进油手轮；手放在"拉压停止"或"油泵停止"按钮上，可随时停止加载等。

6）加载测试完成后，严禁出现数据采集停止而油泵仍在工作的情形。其正确的操作是：采集到准确的三组反复弯曲数据后，当试件不受力时可以关闭"进油"手轮，选择"拉压停止""油泵停止"按钮，然后停止采集数据。

§2.6　弯扭组合主应力电测实验

2.6.1　概述

在工程实际中，构件在荷载作用下往往发生两种或两种以上的基本变形，即组合变形。经简化后，构件表面处于平面应力状态，薄壁圆筒在弯扭组合变形下的实验就是一个典型代表。

2.6.2　实验目的

1）用应变电测法测定二向应力状态下的主应力大小及方向，并与理论值进行比较。

2）掌握用应变花测量某一点主应力大小及方向的方法。

3）通过在不同的特征部位粘贴应变片及双向交变加载，反映不同的受力形式引起的应变及其方向的变化。

2.6.3　实验原理

通过对应力单元体的分析可知，要得到平面应力状态下单元体主应力大小及方向需要知道单元体两垂直方向的应力的大小与方向及剪应力大小与方向。在弹性模量电测实验时，通过粘贴两垂直方向的应变片从而测得 $\varepsilon_{纵}$、$\varepsilon_{横}$，并有 $\sigma_{纵} = \varepsilon_{纵} \times E$，也就是说该纵向应力可以通过该方向的应变直接得到，但不能将此推广为："任意方向的应力与该方向的应变为简单的 $\sigma_{\alpha} = \varepsilon_{\alpha} \times E$ 关系"。例如，在弹性模量电测实验中有 $\sigma_{纵} = \varepsilon_{纵} \times E$ 是正确的，$\sigma_{横} = \varepsilon_{横} \times E$ 则是错误的，因为，在单向拉压状态时，$\sigma_{横} = 0$，$\varepsilon_{横}$ 是由 $\varepsilon_{纵}$ 而不是由 $\sigma_{横}$ 引起的，$\varepsilon_{横} = \varepsilon_{纵} \times \nu$。由泊松比的定义可知，在双向应力状态下，与任意应力方向同向的应变包含垂直方向应变引起的分量，此时的应力不能简单由 $\sigma_{\alpha} = \varepsilon_{\alpha} \times E$ 来求得。同样，在平面应力状态下，ε_{α} 还包含剪应变 γ 引起的分量。

为简化分析，取如图2-6所示的单元体进行分析，依据胡克定律可得：

$$\varepsilon_1^* = \frac{1}{E}(\sigma_1 - \nu\sigma_2)$$

$$\varepsilon_2^* = \frac{1}{E}(\sigma_2 - \nu\sigma_1)$$

(2-6)

式中　σ_1——最大主应力；

　　　σ_2——最小主应力；

　　　ε_1^*——最大主应力（σ_1）方向的线应变；

　　　ε_2^*——最小主应力（σ_2）方向的线应变；

　　　E——弹性模量；

　　　ν——泊松比。

$$\sigma_1 = \frac{E}{1-\nu^2}(\varepsilon_1^* + \nu\varepsilon_2^*)$$

$$\sigma_2 = \frac{E}{1-\nu^2}(\varepsilon_2^* + \nu\varepsilon_1^*)$$

(2-7)

为方便不同方向应变的表述，设定测点坐标系，定义测点处的应变分量分别为 ε_x、ε_y、γ_{xy}，定义与 X 轴夹角为 α 方向的应变为 ε_α，并规定 α 角以逆时针转动为正，则有：

$$\varepsilon_\alpha = \varepsilon_x \cos^2\alpha + \varepsilon_y \sin^2\alpha + \gamma_{xy} \sin\alpha\cos\alpha \tag{2-8a}$$

经三角函数关系变换后，得到

$$\varepsilon_\alpha = \frac{1}{2}(\varepsilon_x + \varepsilon_y) + \frac{1}{2}(\varepsilon_x - \varepsilon_y)\cos2\alpha + \frac{1}{2}\gamma_{xy}\sin2\alpha$$

(2-8b)

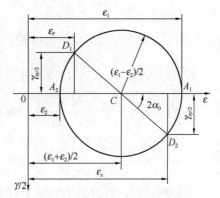

图 2-45　平面应力状态下应变圆

可以看出，所得的 ε_α 表达式与平面应力状态下 σ_α 的表达式类同，据此可得到如图 2-45 所示横坐标为 ε，纵坐标为 $-\gamma/2$ 的应变圆，此应变圆可表示出平面应力状态下一点处不同方向应变的变化规律。

由于在平面应力状态下，σ_1 与 σ_2 为主应力，在此平面内 $\tau=0$，故 $\gamma=0$，由应变单元体分析可知，在 $\gamma=0$ 时，ε_1^*、ε_2^* 为主应变，即 $\varepsilon_1^*=\varepsilon_1$，$\varepsilon_2^*=\varepsilon_2$。这样，主应力的测量就可以转化为主应变的测量。

$$\sigma_1 = \frac{E}{1-\nu^2}(\varepsilon_1 + \nu\varepsilon_2)$$

$$\sigma_2 = \frac{E}{1-\nu^2}(\varepsilon_2 + \nu\varepsilon_1)$$

(2-9)

通过图 2-45 所示平面应力状态下应变圆可知：

$$\varepsilon_1 = \frac{1}{2}\left[(\varepsilon_x + \varepsilon_y) + \sqrt{(\varepsilon_x - \varepsilon_y)^2 + \gamma_{xy}^2}\right]$$

$$\varepsilon_2 = \frac{1}{2}\left[(\varepsilon_x + \varepsilon_y) - \sqrt{(\varepsilon_x - \varepsilon_y)^2 + \gamma_{xy}^2}\right]$$

(2-10)

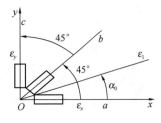

图 2-46 直角应变花垂直
粘贴方式

$$2\alpha_0 = \arctan\frac{\gamma_{xy}}{\varepsilon_x - \varepsilon_y}$$

在实际测量中，可以直接测得 ε_x、ε_y，但无法直接测得 γ_{xy}，但由三点可确定唯一的圆可知，只要知道任意 3 个方向的线应变就可以确定唯一的应变圆，在实际测量中，为粘贴及确定主应力（变）方向方便，往往采用直角应变花或等角应变花。通常直角应变花的粘贴方式如图 2-46 所示。

由 α 角方向的线应变公式（2-8a）可得：

$$\varepsilon_x = \varepsilon_a$$
$$\varepsilon_y = \varepsilon_c \tag{2-11}$$
$$\gamma_{xy} = 2\varepsilon_b - (\varepsilon_a + \varepsilon_c)$$

将式（2-11）代入式（2-10）可得

$$\varepsilon_1 = \frac{1}{2}\left\{(\varepsilon_a + \varepsilon_c) + \sqrt{2\left[(\varepsilon_a - \varepsilon_b)^2 + (\varepsilon_b - \varepsilon_c)^2\right]}\right\}$$
$$\varepsilon_2 = \frac{1}{2}\left\{(\varepsilon_a + \varepsilon_c) - \sqrt{2\left[(\varepsilon_a - \varepsilon_b)^2 + (\varepsilon_b - \varepsilon_c)^2\right]}\right\} \tag{2-12}$$
$$2\alpha_0 = \arctan\frac{2\varepsilon_b - (\varepsilon_a + \varepsilon_c)}{\varepsilon_a - \varepsilon_c}$$

将式（2-12）代入式（2-9）可得

$$\sigma_1 = \frac{E}{1-\nu^2}\left[\frac{1+\nu}{2}(\varepsilon_a + \varepsilon_c) + \frac{\sqrt{2}(1-\nu)}{2}\sqrt{(\varepsilon_a - \varepsilon_b)^2 + (\varepsilon_b - \varepsilon_c)^2}\right]$$
$$\sigma_2 = \frac{E}{1-\nu^2}\left[\frac{1+\nu}{2}(\varepsilon_a + \varepsilon_c) - \frac{\sqrt{2}(1-\nu)}{2}\sqrt{(\varepsilon_a - \varepsilon_b)^2 + (\varepsilon_b - \varepsilon_c)^2}\right] \tag{2-13}$$

实际测试时，有时采用如图 2-47 所示的粘贴方式，此时，由于 3 个应变片的相互位置关系未发生变化，主应变 ε_1、ε_2 的计算公式同式（2-12），主应力的计算公式同式（2-13），主应变的方向与应变片 a 的夹角 α_a 可表示为

$$2\alpha_a = \arctan\frac{2\varepsilon_b - (\varepsilon_a + \varepsilon_c)}{\varepsilon_a - \varepsilon_c} \tag{2-14}$$

而，$\alpha_0 = \alpha_a - 45°$，故有

$$2\alpha_0 = 2\alpha_a - 90°$$
$$\tan(2\alpha_0) = \frac{-1}{\tan(2\alpha_a)} \tag{2-15}$$

由式（2-12）得

$$\tan(2\alpha_a) = \frac{2\varepsilon_b - (\varepsilon_a + \varepsilon_c)}{\varepsilon_a - \varepsilon_c} \tag{2-16}$$

将式（2-14）代入式（2-13）可得

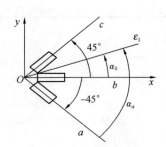

图 2-47 直角应变倾斜
45°粘贴方式

$$2\alpha_0 = \arctan -\left[\frac{\varepsilon_a - \varepsilon_c}{2\varepsilon_b - (\varepsilon_a + \varepsilon_c)}\right] \qquad (2\text{-}17)$$

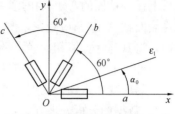

图 2-48　等角应变花的粘贴方式

这样便得到了直角应变花倾斜 $45°$ 粘贴时的主应力（变）与 x 轴的夹角。

主应力测试时，有时还用如图 2-48 所示的等角应变花，同直角应变花主应变的推导方式，可得其主应变及方向的表达式：

$$\varepsilon_1 = \frac{\varepsilon_a + \varepsilon_b + \varepsilon_c}{3} + \frac{\sqrt{2}}{3}\sqrt{(\varepsilon_a - \varepsilon_b)^2 + (\varepsilon_b - \varepsilon_c)^2 + (\varepsilon_c - \varepsilon_a)^2}$$

$$\varepsilon_2 = \frac{\varepsilon_a + \varepsilon_b + \varepsilon_c}{3} - \frac{\sqrt{2}}{3}\sqrt{(\varepsilon_a - \varepsilon_b)^2 + (\varepsilon_b - \varepsilon_c)^2 + (\varepsilon_c - \varepsilon_a)^2}$$

$$2\alpha_0 = \arctan \frac{\sqrt{3}(\varepsilon_b - \varepsilon_c)}{2\varepsilon_a - \varepsilon_b - \varepsilon_c} \qquad (2\text{-}18)$$

2.6.4　实验方案

1）实验设备、测量工具及试件：

YDD-1 型多功能材料力学实验机（图 2-8）、150mm 游标卡尺、500mm 钢板尺、弯扭组合试件（图 2-49）。

YDD-1 型多功能材料力学实验机由实验机主机部分和数据采集分析部分组成，实验机主机部分由加载机构及相应的传感器组成，数据采集分析部分完成数据的采集、分析等。

试件敏感部分截面为圆环形，实验前需要测量的原始参数有试件截面尺寸 D、d，弯曲力臂 L_{w1}、L_{w2}，扭转力臂 L_n。

2）装夹、加载方案：

安装好的试件如图 2-50 所示。弯扭组合体的固定端插入实验机右立柱的固定孔内，悬臂梁的自由端为长槽孔，通过销轴与油缸活塞杆连接，通过油缸活塞杆的上下移动，对试件进行交变加载，加载的换向及速度控制同拉伸实验。同梁弯曲实验一样，为保证试件的安全，需设置相应的报警保护装置。

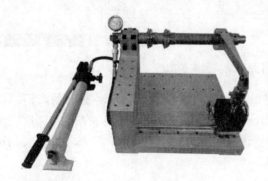

图 2-49　弯扭组合实验台

图 2-50　弯扭组合应变花

3）数据测试方案：

与拉、压实验相同，可以测得悬臂梁施力点的荷载，据此荷载，就可以得到弯扭组合试件上任一截面的弯矩、扭矩、剪力及悬臂梁上任一截面的弯矩及剪力。通过在弯扭组合试件表面粘贴 45°角应变花，测三向应变，利用广义胡克定律，可得到该点主应力大小及方向，将其与计算值相比较，验证广义胡克定律。应变的测量采用共用补偿片的测量方式。另外，通过在弯扭管的特征部位定向粘贴应变花的不同补偿方式，可测量在反复荷载作用下的应变，得到特征点应变随弯曲、扭转的变化规律。

4）数据的分析处理方案：

数据采集分析系统，实时记录试件所受的力及应变，并生成力、应变实时曲线及力、应变 X-Y 曲线。图 2-51 为一个弯扭组合主应力及等强度梁电测实验荷载、应变实测曲线，中间窗口——荷载的实时曲线，左窗口——等强度梁应变实时曲线，右窗口——弯扭组合试件某测点的三向应变。数据读数利用光标同步分级读数的方式。

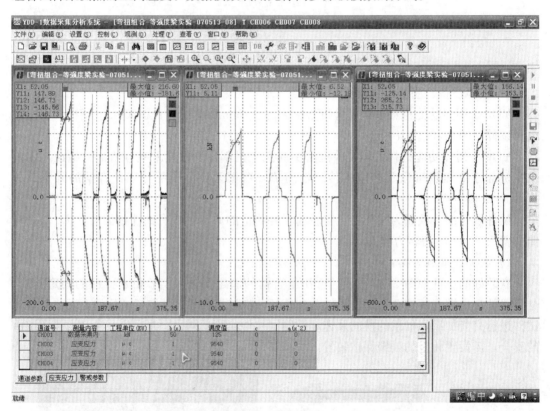

图 2-51　弯扭组合等强度梁实测实验曲线

如前所述，通过测得的集中荷载，就可以得到弯扭组合试件上任一截面的弯矩、扭矩、剪力及悬臂梁上任一截面的弯矩及剪力。通过在弯扭组合试件表面粘贴 45°角应变花，测三向应变，利用广义胡克定律，可得到该点主应力大小及方向，将其与计算值相比较，验证广义胡克定律。

2.6.5　完成实验预习报告

在了解实验原理、实验方案及实验设备操作后，就应该完成实验预习报告。实验预习报告包括：明确相关概念、计算试件在安全应力下的最大荷载、明确操作步骤等，在完成预习报告时，有些条件实验指导书中已给出（包括后续的实验操作步骤简介）、有些条件为已知条件、有些条件则需要查找相关标准或参考资料。通过预习报告的完成，将有利于正确理解及顺利完成实验。

有条件的学生可以利用多媒体教学课件，分析以往的实验数据、观看实验过程等。

2.6.6 实验操作步骤简介

1）测量试件原始参数确定安全荷载：

实验需要已知的原始参数有材料的弹性模量 E、泊松比 ν；电阻应变片的灵敏度系数 K、阻值 R、导线电阻等，需要的原始参数：试件截面尺寸 D、d，弯曲力臂 L_{m1}、L_{m2}，扭转力臂 L_w，并根据最大应力计算试件的安全荷载。

需要注意的是，有些原始参数有确定的设计值，只有在装夹中使其满足设计值，实验装置才能满足设计要求，如等强梁加载力臂（扭转力臂）L_n。有些参数需调整到设计值，如弯曲力臂 L_{w1}、L_{w2}。

2）装夹试件：

① 调定系统的压力。为确保试件安全及方便控制加载速度，在所需荷载较小时，需设定系统工作压力。在油缸活塞杆无连接件的情况下，打开"压力调节"手轮，关闭"进油"手轮，"油泵启动""拉伸下行"，打开"进油"手轮至正常工作位置，使油缸活塞杆下行至最低位置，此时压力表指示的压力就是系统工作时的最大压力，通过调整"压力控制"手轮的位置调节系统工作压力至要求值，弯扭组合主应力及等强度梁电测实验中，系统的工作压力设定为 2MPa。调整完成后，关闭"进油"手轮，"油泵停止"，"拉压停止"。

② 安装试件。

第一步，短转换杆安装到油缸活塞杆的螺孔内，并调整转换杆上圆孔的位置，圆孔正对实验机前方。

第二步，将弯扭组合体的固定端插入实验机右立柱的固定孔内，并安装调节丝杠。

第三步，将等强度梁安装到弯扭组合体的受力端的花键槽内，测量并调整其与工作应变片的距离使之满足设计值 L_{w1}、L_{w2}。

第四步，将弯扭转接套安装到短转换杆上，注意弯扭转接套开口的位置，并通过保险销轴连接，销轴采用由后到前的安装方式，以利于实验中观察保险销轴在转接套长槽孔中的位置。加载时保险销轴可在弯扭转接套的长槽孔内上下滑动。下行时，通过保险销轴传力给弯扭转接套；上行时，短转换杆直接推动弯扭转接套。

第五步，控制油缸活塞杆上行，使弯扭转接套的圆孔与等强度梁的长槽孔平齐，安装加力销轴，加力销轴可在弯扭转接套内转动，在等强度梁长槽孔内滑动。

第六步，旋转调节丝杠调整弯扭组合体固定端在右立柱中的位置，使得加力销轴作用在等强度梁的"等强度施力点"上，调整油缸活塞杆的位置，使得保险销轴位于弯扭转接套长槽孔的中间部位。

这样就完成了试件装夹，安装好的试件如图 2-50 所示。

3）连接测试线路：

按要求连接测试线路，一般第一通道选择测力，其余通道测应变。连线时应注意不同类型传感器的测量方式及接线方式，连线方式应与传感器的工作方式相对应。应变的测试采用单片共用补偿片的方式，将被测应变片依次连接到测试通道中，连接时注意应变片的位置、方向与测试通道的对应关系。

4）设置采集环境：

① 进入测试环境。

按要求连接测试线路，确认无误后，打开仪器电源及计算机电源，双击桌面上的快捷图标，提示检测到采集设备→确定→进入测试环境。同前面的实验一样，首先检测仪器，通过文件-引入项目，引入所需要的采集环境。

② 设置测试参数。

第一项，系统参数。采样方式：采样频率为"20～100Hz""拉压测试"，需要特别注意的是，弯扭组合实验是一个非破坏性实验，需要通过设置报警通道来保护试件。实验时，当实测数据达到报警设定值时，油缸就会按照指定的要求反向运行或停止运行，报警通道一般设置为测力通道，报警值由实验预估最大荷载确定，如当控制弯扭管根部最大应变不超过 $600\mu\varepsilon$ 时，所加的拉、压力应小于8kN，此时，设置报警参数上限为8kN，下限为时－8kN，就可以保证测点最大应变不超过 $600\mu\varepsilon$，以保证试件的安全。

第二项，通道参数。测量油缸活塞杆的拉压力通道，同拉压实验设置相同的修正系数。其余通道测量应变，对于设置为应力应变的通道需将其修正系数"b"设置为"1"。进入应力应变测试，由于采用共用补偿片，需要输入桥路类型——选择"方式一"，当选择"方式一"时需要输入的参数有应变计电阻、导线电阻、灵敏度系数、工程单位，并选择相应的满度值。

第三项，窗口参数。可以开设多个数据窗口，其中中间窗口为测力窗口，其余每个窗口测量一组电阻应变片，并按顺序排列，并设定好窗口的其他参数如坐标等。

③ 数据预采集，验证报警参数。确定采集设备各通道显示的满度值与通道参数的设定值相一致后，选择"控制"-"平衡"-"清零"-"启动采样"，输入相应的文件名，选择存储目录后便进入了相应的采集环境。此时从实时曲线窗口内便可以读到相应的零点数据，证明采集环境能正常工作。

关闭"进油"手轮，选择"拉压自控"，"油泵启动"，"拉压下行"，打开"进油"手轮，油缸活塞杆下行，注意观察保险销的位置，控制加载速度，缓慢加载，至上限报警值时油缸活塞杆自动反向向上运行，同样，当油缸活塞杆上行加载至下限报警值时，油缸活塞杆也会自动反向下行，油缸活塞杆自动向下运行，证明报警功能可用，并同时验证在该报警值下的应变值。若报警值不满足要求，可适时修改至合适值。验证完成后，观察保险销轴的位置，当保险销轴处于弯扭加载套的中间位置时，关闭"进油"手轮，停止采集数据。这样就完成了数据采集环境的设置。

若设备无通道报警功能时需设置限位开关的位置来控制自动反向运行，并进行验证。

5）加载测试：

在确信设备和采集环境运行良好以后便可以开始正式的加载实验了。

首先关闭"进油"手轮，选择"油泵启动""拉伸下行"。前面已经设置好采集环境，这里只需要平衡，清除零点，启动采样。采集到所需要的数据。

打开"进油"手轮，进行加载，加载应注意观察保险销轴的位置，当保险销轴不受力时，可以加快加载速度，当保险销轴接近受力时应放慢加载速度。在拉伸下行加载过程中是通过保险销轴传力的，在加载过程中注意观察实验数据的正确性。至上限报警时，油缸活塞杆会自动反向上行，在上行加载时通过短转换杆将力传递给弯扭转接套，给试件进行加载。至下限报警值时，油缸活塞杆同样会自动反向下行。在实验过程中也可采用手动换向的加载方式，并注意控制"进油"手轮以控制加载速度。

采集到准确的三组反复弯扭数据后，当保险销轴不受力时就可以关闭"进油"手轮，选择"拉压停止""油泵停止"按钮，然后停止采集数据。

2.6.7　分析数据完成实验报告

1）验证数据：

首先显示全部数据，回放加载测试数据，将测力窗口设置成 X-Y 记录方式，X 轴——应变通道，Y 轴——测力通道。以验证应变与荷载的线性关系，及正反向加载时，应变的变化规律。

2）读取数据：

弯扭组合主应力及等强度梁电测实验采用分级读数的方式分析数据，共 5 级，依据实验过程中的最大荷载，确定级差，为消除起始点误差的影响，将荷载级差作为起始数据。将测力窗口重新恢复为普通绘图方式，通过数据移动及局部放大功能，将多个窗口显示同样一段数据，采用光标同步的方式进行同步读数，读数时，将主动光标放在测力窗口，采用光标拖动与方向键微移光标相结合的方式，选取合适的荷载值，此时应注意光标读数的小数点位数，测力通道：2 位，应变通道：1 位。

3）分析数据：

将读取的数据，依次填入相应的数据分析表格或代入相应的公式进行计算，将实测值与计算值相比较，分析误差原因。需要注意的是，由于采用交变加载，分析数据时需要分析两段正反向加载数据，并分别填入相应的表格中，注意正、反向数据的对比。

4）完成实验报告：

通过观察实验现象、分析实验数据就可以进行实验报告的填写了，完成实验报告的各项内容，并总结实验过程中遇到的问题、解决方法及对该实验的改进建议。

在填写原始数据及实验结果时需要注意数据的读数应能反映实验设备的分辨率，计算结果有效数字的位数应能反映实验的精度等。

2.6.8　实验注意事项

1）在紧急情况下，没有明确的方案时，按急停按钮。

2）有些原始参数有确定的设计值，只有在装夹中使其满足设计值实验装置才能满足设计要求，如等强梁加载力臂（扭转力臂）L_n。有些参数需调整到设计值，如弯曲力臂 L_{w1}、L_{w2}。

3）打开实验机通过溢流阀或打开"压力控制"手轮设定系统的最大工作压力，以不超过 3MPa 为宜；实验时可先打开"压力控制"手轮以确保试件安全。

4）在设置通道报警参数时应采用渐增的方式，可先设置较小的报警值，证明计算及报警系统可用后再设置相应的实验报警值。

5）在验证通道报警参数时需确保试件的安全，需有明确的报警失效的控制方案，如在开口很小的情况下控制"进油"手轮，使得可随时关闭"进油"手轮；手放在"拉压停止"或"油泵停止"按钮上，可随时停止加载等。

6）加载测试完成后，严禁出现数据采集停止而油泵仍在工作的情形，因为此时通道的报警功能已经失效，实验最大荷载处于非受控状态，试件极易损坏。正确的操作是：采集到准确的三组反复弯扭数据后，当试件不受力时就可以关闭"进油"手轮按钮，选择"拉压停止""油泵停止"按钮，然后停止采集数据。

§2.7 压杆稳定实验

2.7.1 概述

压杆失稳是压杆稳定平衡状态的改变，压杆失稳的过程是压杆的稳定平衡状态由直线平衡状态向弯曲平衡状态改变的过程，若失稳过程中荷载可控，压杆将建立弯曲平衡状态，其承载力为临界荷载；若失稳过程中荷载不可控，压杆将无法建立弯曲平衡状态，横向变形持续增加直至压杆屈服破坏。工程实际中，经常会出现由于局部压杆的失稳导致整个结构瞬间破坏的情形，就是这个道理。

2.7.2 实验目的

1）测量不同支撑约束条件下压杆的临界荷载，验证欧拉公式。

2）通过有侧向干扰的压杆稳定实验，证明在材料没有失效的情况下，压杆失稳实际上是由一种平衡状态过渡到另一种平衡状态，即同一个压杆，在相同的荷载下有两个平衡状态，失稳是指平衡状态的改变，而非失去平衡状态。

3）了解工程中压杆失稳破坏的机理，明白为何工程中压杆失稳往往是瞬间的破坏。

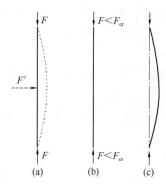

图 2-52 压杆的平衡状态

2.7.3 实验原理

如图 2-52(a) 所示的理想中心受压直杆，在压杆受轴向压力 F 作用下，施加侧向干扰荷载 F'，此时，在轴向压力 F 与横向干扰荷载 F' 的共同作用下，压杆会发生如图 2-52(a) 所示的弯曲变形。实验表明，当轴向压力 F 不大时，撤去横向干扰荷载 F' 后，压杆将恢复其原来的直线平衡状态，如图 2-52(b) 所示，说明此时压杆的直线平衡状态是稳定的平衡状态；当轴向压力增加到一定的临界值时，重复同样的横向干扰实验，压杆将保持弯曲平衡状态，而无法恢复到原来的直线平衡状态，如图 2-52(c) 所示，说明此时压杆的直线平衡状态是不稳定的平衡状态，而弯曲平衡状态是稳定的平衡状态。由此可见，受轴向压力作用的压杆的平衡状态有两种，即直线平衡状态和弯曲平衡状态；在不同的轴向压力作用下，一种平衡状态是稳定的，另一种平衡状态是不稳定的。在轴向压力较小时，直线平衡状态是稳定的，弯曲平衡状态是不稳定的，当轴向压力达到一临界值时，直线平衡状态是不稳定的，弯曲平衡状态是稳定的。把压杆的直线平衡状态由稳定平衡状态转化为不稳定平衡状态时所受压力的临界值，称为临界压力，用 F_{cr} 表示，并定义：中心受压直杆在临界压力 F_{cr} 作用下，直线平衡状态由稳定平衡状态转化为不稳定平衡状态（或称直线平衡状态丧失稳定性）为"压杆失稳"，简称"失稳"。

这里需要注意的是，压杆失稳实际上是指压杆稳定平衡状态的改变，而非压杆破坏，也即压杆在失稳状态下，只要其应力没有达到屈服应力，压杆仍可保持平衡状态，仍有确定的承载力，且其承载力高于临界压力 F_{cr}。但由于当压杆失稳后，压杆最大应力与荷载的关系由原来的线性关系转变成类似幂函数关系，使得此时压力稍有增加，应力便会急剧增加，故习惯上定义压杆的临界压力为压杆的极限安全承载力，有时被误称为"极限承载力"。实际上，理想细长压杆在直线平衡状态且没有测向干扰的情况下，其可承受轴向压力远大于临界压力，但当其在弯曲平衡状态时，其可承受的压力接近临界压力。

现以两端铰支的压杆失稳后挠曲线中点挠度 δ 与压力 F 之间的关系说明此问题。

两端铰支的压杆在轴向压力 F 作用下失稳后的曲线形态如图 2-53 所示，利用压杆失稳时挠曲线的精确微分方程得到挠曲线中点挠度 δ 与轴向压力 F 之间的近似关系为

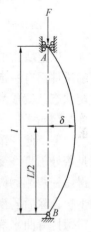

$$\delta = \frac{2\sqrt{2}l}{\pi}\sqrt{\frac{F}{F_{cr}}-1}\Big[1-\frac{1}{2}\Big(\frac{F}{F_{cr}}-1\Big)\Big] \tag{2-19}$$

式中 $F_{cr} = \dfrac{\pi^2 EI}{l^2}$ 为由欧拉公式得到的压杆两端铰支的失稳临界压力。

依式（2-19）绘出的 F-δ 关系曲线如图 2-54 所示，可以看出，当 $F \geqslant F_{cr}$ 时，压杆在微弯平衡状态下，压力与挠度虽然存在一一对应关系，但当 F 增加很小的情况下，横向挠度 δ 迅速增加，压杆所处的平衡状态接近随遇平衡状态，因此往往定义 F_{cr} 为压杆失稳的安全荷载。实验中可以通过横向挠度 δ 的突然增加来判断压杆是否失稳。

图 2-53　压杆
失稳后弯曲
平衡状态

由于压杆失稳时试件由直线状态突然变为弯曲状态，即试件前后两侧面上的应变增加方向在试件失稳的瞬间发生改变。因此，实验中也可通过测量压杆前后两侧面上应变的方式来判断杆件是否失稳。由式（2-19）得压杆失稳后中间截面的弯矩 M 为：

$$M = F\delta = \frac{2\sqrt{2}Fl}{\pi}\sqrt{\frac{F}{F_{cr}}-1}\Big[1-\frac{1}{2}\Big(\frac{F}{F_{cr}}-1\Big)\Big] \tag{2-20}$$

此时，试件上的应力由压应力与弯曲应力两部分组成，因此中间截面前后两侧面上的应力 σ 可由下式求得：

$$\sigma_{1,2} = -\frac{F}{A} \pm \frac{M}{W} = -\frac{F}{A} \pm \frac{2\sqrt{2}Fl}{W\pi}\sqrt{\frac{F}{F_{cr}}-1}\Big[1-\frac{1}{2}\Big(\frac{F}{F_{cr}}-1\Big)\Big] \tag{2-21}$$

压杆在整个实验过程中为单向应力状态，故有：

$$\varepsilon_{1,2} = \frac{\sigma}{E} = -\frac{F}{EA} \pm \frac{M}{EW} = -\frac{F}{EA} \pm \frac{2\sqrt{2}Fl}{EW\pi}\sqrt{\frac{F}{F_{cr}}-1}\Big[1-\frac{1}{2}\Big(\frac{F}{F_{cr}}-1\Big)\Big] \tag{2-22}$$

依式（2-22）绘出的理想压杆的 F-ε 关系曲线如图 2-55 所示。可以看出，当 $F < F_{cr}$ 时，压杆前后两侧的应变相同且与压力 F 呈线性关系；当 $F \geqslant F_{cr}$ 时，两侧应变的增加方向相反，据此，同样可方便找到压杆的失稳点。

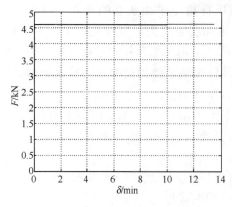
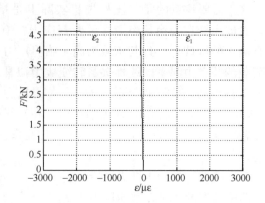

图 2-54　理想压杆的 $F\text{-}\delta$ 关系曲线　　　　图 2-55　理想压杆的 $F\text{-}\varepsilon$ 关系曲线

以上所讲的均是指对理想压杆而言的，实际上，理想的压杆是不存在的，实验中所用的试件都有一定的初始弯曲，这样，如何在实验中使得由初始弯曲的压杆保持直线受压平衡状态，就成为实验成败的关键。另外，使压杆由直线平衡状态转化为弯曲平衡状态的条件是侧向干扰，选择合适的侧向干扰也是实验的重要组成部分。

鉴于此，采用应变测试判断法的实验方案，通过监测压杆两侧应变的大小来判断压杆是否处于直线受压状态，在压杆的中间设置调直支撑，该支撑可调节压杆中间点位置，使得压杆两侧的应变相等，证明压杆处于直线受压状态。此时，施加侧向干扰，压杆弯曲，干扰去除后若恢复为直线平衡状态，则说明施加干扰前的压力小于临界压力，若干扰去除后保持弯曲平衡状态，则说明施加干扰前的压力大于或等于临界压力，且弯曲平衡后压杆所承受的当前压力等于或略大于临界压力，可据此确定该压杆的临界压力。

2.7.4　实验方案

1）实验设备、测量工具及试件：

YDD-1 型多功能材料力学实验机、150mm 游标卡尺、压杆稳定实验装置（图 2-56）。

YDD-1 型多功能材料力学实验机由实验机主机部分和数据采集分析部分组成，实验机主机部分由加载机构及相应的传感器组成，数据采集分析部分完成数据的采集、分析等。

试件采用矩形截面的试件，两端铰接，材质：65Mn，弹性模量：210GPa 左右。在两侧面的中央，粘贴有电阻应变片，用以测量试件的应变。

在实验装置的两侧面有压杆侧向调节及干扰装置。其位置可上下调整。

2）装夹、加载、安全控制方案：

① 装夹。安装好的试件如图 2-56 所示。实验时，压杆的两端通过轴承与上下支座连接。当对轴承的转动不进行约束时，支承形式就为铰接；当对轴承进行防转约束时，支承形式就为固接。

图 2-56　压杆稳定实验装置

② 加载。控制油缸活塞杆上行时，试件受压，加载的速度控制及压力的大小由进油首轮及压力调节手轮联合控制。侧向控制

及侧向力干扰通过控制侧向调节装置及干扰装置完成。

③ 安全控制。在实验过程中需设置位移报警控制，当压杆轴向位移达到一定值时停止加载或控制油缸活塞杆反向运行，以保证压杆工作在弹性阶段。

3）数据测试方案：

压力的大小测试同压缩实验。应变通过粘贴的电阻应变片测量，应变测量采用 1/4 桥的接线方式。

实验时也可采用将前后两侧面应变片串联的测试方式，这样直线平衡时测得的应变理想值为零，实稳瞬间应变突然增加。但这样做无法测得在直线平衡状态下应变，也就无法通过直线平衡状态的应变实测压杆的弹性模量。

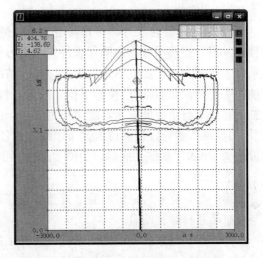

4）数据的分析处理：

数据采集分析系统实时记录试件所受的力及应变，并生成力、应变实时曲线及力、应变 X-Y 曲线，图 2-57 为在 YDD-1 型多功能材料力学实验机上实测的压杆的 F-ε 关系曲线。

从图 2-57 中可明显看出：

图 2-57　实测压杆的 F-ε 关系曲线

在直线平衡状态时，两侧的应变相同，且与压力呈线性关系，并据此可实测压杆的弹性模量 E。

当压力 $F < F_{cr}$ 时，施加侧向干扰压杆弯曲，干扰撤除后，压杆恢复原来的直线平衡状态，说明此时直线平衡状态为稳定平衡状态。

当压力 $F > F_{cr}$ 时，施加侧向干扰压杆弯曲，不等撤除干扰，弯曲量迅速扩大，应变同样迅速分向增加，直至压力降低到稳定值后，压杆处于弯曲平衡状态。此时，若稍施加压力，应变明显增加。

在压杆失稳后，虽弯曲平衡状态为稳定平衡状态，但从 F-ε 曲线可以看出，在 F 增加很小的情况下，应变迅速增加，压杆所处的平衡状态接近随遇平衡状态，故此时压杆所受的压力接近（实际上是略大于）压杆失稳的临界荷载 P_{cr}，在工程精度范围内可定义此时的压力为压杆失稳的临界压力 P_{cr}。

多次实验时，虽每次在直线平衡状态的压力不同，但失稳到弯曲平衡状态时，得到的临界压力 P_{cr} 是稳定的，故此判断临界压力 P_{cr} 的方案可行。

2.7.5　完成实验预习报告

在了解实验原理、实验方案及实验设备操作后，就应该完成实验预习报告。实验预习报告包括：明确相关概念、预估试件的最大载荷、最大轴向变形、明确操作步骤等，在完成预习报告时，有些条件实验指导书中已给出（包括后续的实验操作步骤简介）、有些条件为已知条件、有些条件则需要查找相关标准或参考资料。通过预习报告的完成，将有利于正确理解及顺利完成实验。

有条件的学生可以利用多媒体教学课件，分析以往的实验数据、观看实验过程等。

完成实验预习报告，并获得辅导教师的认可，是进行正式实验操作的先决条件。

2.7.6　实验操作步骤简介

1）试件原始参数的测量：

实验采用如图 2-56 所示矩形截面形状的试件，用游标卡尺在粘贴应变片中部的两侧，多次测量试件的宽度 B 和厚度 H，计算试件的截面面积 S_0，并查相关资料，预估其直线平衡状态下弹性阶段极限承载力及失稳临界压力。

2）试件装夹：

① 调定系统的压力。首先确定实验机的状态，上部转接套处于固接状态，卸掉下转接套及相关连接部分。为确保试件安全及方便控制加载速度，在所需荷载较小时，需设定系统工作压力。在油缸活塞杆无连接件的情况下，打开"压力调节"手轮按钮，关闭"进油"手轮"油泵启动""拉伸下行"按钮，打开"进油"手轮按钮至正常工作位置，使油缸活塞杆下行至最低位置，此时压力表指示的压力就是系统工作时的最大压力，通过调整"压力控制"手轮按钮的位置调节系统工作压力至要求值，压杆稳定中，系统的工作压力设定为 20kN。调整完成后，关闭"进油"手轮、"油泵停止"、"拉压停止"等按钮。

② 安装试件。

第一步，将压杆稳定实验装置整体安装到油缸活塞杆上，旋转实验装置，使实验装置与油缸活塞杆紧密结合。

第二步，通过转动油缸活塞杆，调整压杆与实验机框架至合适的位置关系，以方便实验过程中控制侧向调整及干扰装置。

第三步，控制油缸活塞杆上行，使压杆稳定实验装置的受力点与上夹头套的施力点相距 2～3mm，关闭"进油"手轮，此时承压转接件可在转接套内灵活转动。调整完成后，"油泵停止""拉压停止"。

这样就完成了试件装夹，安装好的试件如图 2-56 所示。

③ 调整压杆的工作状态。根据实验需要，调整压杆的支承。

3）连接测试线路：

按要求连接测试线路，一般第一通道选择测压力，第三通道测油缸过活塞杆位移，其余通道测应变。连线时应注意不同类型传感器的测量方式及接线方式，连线方式应与传感器的工作方式相对应。应变的测试采用单片共用补偿片的方式，将被测应变片依次连接到测试通道中，连接时注意应变片的位置、方向与测试通道的对应关系。

4）设置采集环境：

① 进入测试环境。按要求连接测试线路，确认无误后，打开仪器电源及计算机电源，双击桌面上的快捷图标，提示检测到采集设备→确定→进入如图 2-58 所示的测试环境。同前面的实验一样，首先检测仪器，通过文件-引入项目，引入所需要的采集环境。

② 设置测试参数。

第一项，系统参数。采样方式：采样频率为"20～100Hz"，"拉压测试"，需要特别注意的是，压杆稳定实验是一个非破坏性实验，需要通过设置报警通道来保护试件。实验时，当实测数据达到报警设定值时，油缸就会按照指定的要求反向运行或停止运行。压杆稳定实验报警通道一般设置为油缸活塞杆位移通道，报警值由实验预估最大轴向位移确定。

注意：在报警参数的设置中需考虑加载转接件与夹头套的间隙，装夹试件时要调整好间隙，间隙在 2～3mm 较为合适。

第二项，通道参数。测量压力、位移的通道，设置同压缩实验设置相同的通道参数。其余通道测量应变，对于设置为应力应变的通道需将其修正系数 "b" 设置为 "1"。进入应力应变测试，由于采用共用补偿片，需要输入桥路类型——选择 "方式一"，当选择 "方式一" 时需要输入的参数有应变计电阻、导线电阻、灵敏度系数、工程单位，并选择相应的满度值。

第三项，窗口参数。可以开设两个数据窗口，左窗口，荷载-应变实时曲线；右窗口，纵坐标-荷载，横坐标-压杆前侧应变和后侧应变，并设定好窗口的其他参数如坐标等。

③ 数据预采集，验证报警参数。

确定采集设备各通道显示的满度值与通道参数的设定值相一致后，选择 "控制" - "平衡" - "清零" - "启动采样"，输入相应的文件名，选择存储目录后便进入了相应的采集环境。此时从实时曲线窗口内便可以读到相应的零点数据，证明采集环境能正常工作。

关闭 "进油" 手轮按钮，选择 "拉压自控" "油泵启动" "压缩上行"，打开 "进油" 手轮按钮，油缸活塞杆上行，注意观察加载转接件的位置，控制加载速度，缓慢加载，至位移下限报警值时油缸活塞杆自动反向向下运行，证明报警功能可用。验证在该报警值下的应变值，若报警值不满足要求，可适时修改至合适值。验证完成后，观察加载转接件的位置，当加载转接件处于加载套的中间位置时，关闭 "进油" 手轮，停止采集数据。这样就完成了数据采集环境的设置。

若设备无通道报警功能时需设置限位开关的位置来控制自动反向运行，并进行验证。

5）加载测试：

① 确定设备工作状态。在确信设备和采集环境运行良好以后便可以开始正式的加载实验了。首先关闭 "进油" 手轮，选择 "油泵启动" "压缩上行"。前面已经设置好了采集环境，选择平衡，清除零点，启动采样。采集到所需要的数据。

② 初始调直。打开 "进油" 手轮，进行加载，加载应注意观察加载转接件的位置，当加载转接件不受力时，可以加快加载速度，当加载转接件接近受力时应放慢加载速度使轴向压力为缓慢加载状态，至 20％估计临界压力时，关闭 "进油" 手轮，比较两侧应变片的应变值，此时应变由于初始弯曲的作用，两侧应变应不等，据此判断压杆的弯曲方向，将压杆外凸一侧的调直装置的顶杆旋出与压杆相接触，缓慢调节，至两侧面的应变相等后停止。

③ 持续加载，并施加侧向干扰。继续缓慢加载，并不断微调侧向调直装置，至达到 80％临界压力可开始施加侧向干扰荷载，观测压杆平衡状态的变化情况。然后继续进行加载-调直-干扰的循环，直至压杆出现平衡状态的改变（即压杆失稳现象）后，关闭 "进油" 手轮停止加载。

④ 持续加载，并施加侧向干扰。观测此时压杆的平衡状态的特点，稍加压力后，应变会较大的增加。

⑤ 重复实验。卸载后，重复上述加载过程，比较临界压力的稳定性，采集到准确的三组数据后，可停止实验。当加载转接件不受力时就可以关闭 "进油" 手轮，选择 "拉压停止" "油泵停止" 按钮，然后停止采集数据。

⑥ 进行其他类型压杆稳定的实验。依据实验需要，可进行两端固支；一端固支、一端铰支以及有中间辅助支承的压杆稳定实验。

2.7.7 数据分析

1) 验证数据：

首先回放实验加载的全过程，然后把数据调进来，显示全部数据，预览全部数据，观察数据的变化规律，验证数据的正确性。

2) 读取数据：

读取数据的方式同弹性模量和泊松比电测实验，包括压力及应变的读取。在用直线平衡状态数据计算弹性模量时，可采用分级读数的方式。在读取临界压力时可采用双光标读最小值的方式。

3) 分析数据：

① 验证理论公式。通过实验前的测量及实验后的数据读取就得到了所需要的数据，代入相应的公式或计算表格即可得到弹性模量 E，经计算可得压杆理论临界压力，并与和临界压力 P_{cr} 相比较，可验证不同条件下欧拉公式的正确性，寻找实验误差产生的原因及可能的解决方法。

② 明确压杆失稳的真正含义，明确失稳与破坏的关系。从实验中可明显看出，压杆失稳实际上是指压杆在侧向干扰的作用下，压杆稳定平衡状态的改变，压杆由原来的直线平衡状态转变为弯曲平衡状态，只要其应力没有达到屈服应力，压杆仍可保持平衡状态，仍有确定的承载力，压杆也就不会破坏。

侧向干扰在压杆失稳中是诱因，是必不可少的，理想的直杆在没有侧向干扰的情况下其承载压力高于临界压力。

失稳的准确含义是指压杆在侧向干扰的作用下，压杆的直线平衡状态由稳定平衡状态转为不稳定平衡状态，与之相对应的是弯曲平衡状态由不稳定平衡状态转为稳定平衡状态；而破坏是指压杆的最大应力达到屈服应力。因此，压杆失稳多发生在压应力没有达到屈服应力的情况下（实际上屈服后的压杆也有失稳的现象），失稳后压杆也不一定破坏。

③ 根据压杆失稳的特点，分析工程中压杆失稳突发破坏的原因。从图 2-57 实测的压杆的 F-ε 关系曲线可以看出，虽压杆失稳后仍可保持平衡状态且有确定的承载力，但确定承载力明显低于失稳前的荷载，且此时，荷载-应变（应力）关系曲线基本为水平直线，即荷载稍有增加，应力便会有较大的增加。这样，当压杆失稳后，加在压杆上的荷载若不能及时减小到压杆可承受的范围内，压杆的应力将会迅速达到屈服应力，导致压杆的破坏。而工程中的实际情况往往是在压杆失稳的瞬间，不仅荷载无法降低，而且由于失稳过程的重力冲击，往往会出现一旦失稳，需要压杆承受的荷载不仅不会减小，而且会增加的情形，这样，就导致了压杆失稳破坏的瞬间性。

如在 2001 年，美国"9·11 事件"中，世界贸易中心大厦在遭撞机事件后，并没有立即倒塌，而是在起火 45min 后从起火点层依次向下破坏（后遭撞机事件的大厦），分析其原因，是因为火灾的高温使得着火层材料的弹性模量及屈服强度降低，导致着火层压杆的临界压力下降，发生压杆失稳现象，失稳后荷载无法减小，这样就导致失稳的加速，最终材料屈服破坏，破坏过程产生的冲击荷载使得下一层在更大荷载下失稳屈服破坏，依次向下，最终以梯次加快的速度破坏。

需要注意的是，在整个事件中，先遭撞机事件的大厦（以下称 1 号大厦）并没有先"倒塌"（应为失稳屈服破坏），而是在后遭撞机事件的大厦（以下称 2 号大厦）"倒塌"后才"倒塌"的，分析其原因，因为 2 号大厦遭撞机的部位较低，也即压杆的承受压力较大，易发生失稳现象，稍有干扰即可失稳。1 号大厦由于遭撞机部位较高，在 2 号大厦"倒塌"前，火灾对其产生的影响并没有使其压杆达到临界状态或屈服状态，由于 2 号大厦倒塌的震动导致着火层荷载增加，诱发了 1 号大厦着火层的压杆的失稳屈服，最终导致其先着火，后破坏。

4）完成实验报告：

通过观察实验现象、分析实验数据就可以进行实验报告的填写了，完成实验报告的各项内容，并总结实验过程中遇到的问题及解决方法。

2.7.8　实验注意事项

1）在紧急情况下，没有明确的方案时，按急停按钮。

2）上夹头拉杆应处于固结状态。

3）在装夹试件确定油缸位置时，严禁在油缸运行时手持试件在夹头套中间判断油缸的位置。

4）装夹试件时要调整好加载转接件与夹头套的间隙，间隙在 2～3mm 较为合适，并在报警参数的设置中考虑此间隙。

5）实验初始阶段加载要缓慢。

6）进行数据采集的第一步为初始化硬件，初始化完成后应确认采集设备的量程指示与通道参数的设定值一致；且平衡后各通道均无过载现象。

7）试件装夹及拆卸过程中应注意对应变片、接线板及测试线的保护。

§2.8　材料强度理论适用性实验

2.8.1　概述

不同性质的材料力学性能不同，一种材料在进行不同类型的实验时可能会有相同的破坏形式，以相当应力为纽带可以得到材料不同强度指标之间的关系，从而更好理解各强度理论的来源及其适用范围。

2.8.2　实验目的

1）学会灵活使用应力单元体的分析方法分析一点处的应力状态。

2）学会引入应力单元体的分析方法结合试件的破坏形式，分析出灰口铸铁 HT200、铝合金 LY12、低碳钢 Q235 试件在不同加载形式下的破坏应力。

3）通过以相当应力为纽带推导分析每种实验材料不同强度指标之间的关系，与实测数据比较验证强度理论的适用性，从而更深入地理解强度理论。

2.8.3　实验原理

在进行构件设计时，通常采用最小化的设计原则，因此在确定构件关键尺寸时，首先需进行强度校核。随着现代有限元计算机分析技术的日益成熟，可方便得到构件在不同荷载作用下危险点的单元体应力状态，并得到危险点各相当应力的大小，将其与许用应力相比较就可以得到该设计的安全系数，但通常的情况是，选用不同的相当应力（强度理论）

进行校核时所得到的安全系数并不相同，有时甚至有较大差异，而不同性质的材料在不同的应力状态下对强度理论有不同的适用性，因此，能否正确选择合适应力进行校核就成了评价设计是否合理的关键。

应用应力单元体的分析方法可以分析出试件任意一点处不同截面上应力的情况，因此，实验分析时根据试件的破坏形式结合单元体应力分析结果可分析出试件的真实破坏应力。强度理论分析的前提条件是假定材料的破坏因素相同时，则其相当应力是相等的，即相当于单轴拉伸时的拉应力。因此，对同一种材料，可以设计两个或多个主应力单元体应力状态不同但具有相同破坏因素的实验，此时，选择不同的强度理论进行分析，对应每个强度理论有多个相当应力，若对应某一强度理论的多个相当应力相等且等于单轴拉伸时的拉应力，则说明该材料适合应用该强度理论进行校核。由单元体分析可知，主应力单元体与强度指标应力单元体是等价的，也即主应力与强度指标应力之间就有确定的数学关系，这样通过相当应力的纽带作用就可以把不同实验的强度指标联系起来。

不同强度理论根据试件的不同破坏因素把主应力按不同的方式折合成单轴拉伸引起该破坏时的拉应力，称为相当应力 σ_r。相当应力是强度理论的核心，不同强度理论给出了材料不同破坏因素的假设。

第一强度理论即最大拉应力理论，假定最大拉应力即 σ_t 是引起材料脆性断裂的因素，即无论处于怎样的应力状态下，只要构件内一点处的最大拉应力 σ_t（即 σ_1）达到材料的极限应力 σ_u，材料就都会发生脆性断裂。至于材料的极限应力 σ_u 可通过单轴拉伸试样发生脆性断裂的实验来确定。脆性断裂的判断依据为：

$$\sigma_1 = \sigma_u$$

则相当应力为：

$$\sigma_{r1} = \sigma_1$$

此强度理论是由兰卡恩在 19 世纪中期提出，主要适用于脆性材料以拉应力为主的情况。但实际材料的断裂均是由伸长线应变达到其极限值引起的，由于材料变形泊松现象的存在，能产生伸长线应变的不仅仅有拉应力，而此强度理论只考虑了主应力 σ_1 对材料变形的影响，当主应力 σ_2、σ_3 较大时此强度理论便不再适用，有一定的局限性。例如，石料或混凝土等材料在轴向压缩实验的情形，如端部无摩擦，试件将沿垂直于压力的方向发生断裂，这一方向就是最大伸长线应变的方向，而第一强度理论无法解释该类现象，而以最大伸长线应变作为试件断裂因素的第二强度理论显然更符合此类实验。

第二强度理论即最大伸长线应变理论。假定最大伸长线应变 ε_t 是引起材料脆性断裂的因素，即无论材料处于怎样的应力状态下，只要构件内一点处的最大伸长线应变 ε_t（即 ε_1）达到了材料的极限值 ε_u，材料就发生脆性断裂。材料的极限值 ε_u 可通过单轴拉伸试样发生脆性断裂的实验来确定。若材料直到发生脆性断裂都可近似地看作线弹性，即服从胡克定律，则脆性断裂的判断依据为：

$$\varepsilon_1 = \varepsilon_u = \frac{\sigma_u}{E} = \frac{\sigma_b}{E}$$

由于材料的泊松现象，处于空间应力状态下一点处的最大伸长线应变为：

$$\varepsilon_1 = \frac{\sigma_1 - \nu(\sigma_2 + \sigma_3)}{E}$$

则

$$\frac{\sigma_1 - \nu(\sigma_2 + \sigma_3)}{E} = \frac{\sigma_b}{E}$$

则相当应力为：

$$\sigma_{r2} = \sigma_1 - \nu(\sigma_2 + \sigma_3)$$

最大伸长线应变理论是根据法国彭赛列的最大应变理论改进而成的，适用于脆性材料以拉应力为主的情况。习惯上将它与最大拉应力理论合称为第一类强度理论，主要应用于脆性材料的设计校核中。而对应用更为广泛的以塑性屈服或发生显著的塑性变形作为失效标志塑性材料的设计校核的理论称为第二类强度理论，最典型的为最大切应力理论和形状改变能密度理论。其中最大切应力理论（又称第三强度理论）主要适合于对以剪切破坏为主的材料进行校核。

第三强度理论即最大切应力理论。假定最大切应力 τ_{max} 是引起材料塑性屈服的因素，即无论处于怎样的应力状态下，只要构件内一点处的最大切应力 τ_{max} 达到了材料屈服时的极限值 τ_u，该点处的材料就发生屈服。材料屈服时切应力的极限值 τ_u，可以通过单轴拉伸试样发生屈服时（45°斜截面上的最大剪应力）来确定。按照这一强度理论，则屈服判断为：

$$\tau_{max} = \tau_u = \frac{\sigma_s}{2}$$

在复杂应力状态下一点处的最大切应力为：

$$\tau_{max} = \frac{\sigma_1 - \sigma_3}{2}$$

则

$$\frac{\sigma_1 - \sigma_3}{2} = \frac{\sigma_s}{2}$$

则相当应力为：

$$\sigma_{r3} = \sigma_1 - \sigma_3$$

最大切应力理论在 1868 年由亨利·特雷斯卡提出，该理论没有考虑中间主应力 σ_2 的影响，所以对于复杂应力状态下的单元体，不能保证解释合理性。目前，同时考虑 3 个主应力 σ_1、σ_2、σ_3 的影响较为精确的理论为形状改变能密度理论（又称为第四强度理论）。

第四强度理论即形状改变能密度理论。假定形状改变能密度 ν_d 是引起材料屈服的因素，即无论处于怎样的应力状态下，只要构件内一点处的形状改变能密度 ν_d 达到了材料的极限值 ν_{du}，该点处的材料就发生塑性屈服。对于像低碳钢一类的塑性材料，因为在拉伸实验时当正应力达到 σ_s 时就出现明显的屈服现象，故可通过拉伸实验来确定材料的 ν_{du} 值。则按照这一强度理论，屈服判据为：

$$\nu_d = \nu_{du} = \frac{(1 + \nu)}{6E} \times 2\sigma_s^2$$

复杂应力状态下，单元体的形状改变能密度为：

$$\nu_d = \frac{(1 + \nu)}{6E} \times \left[(\sigma_1 - \sigma_2)^2 + (\sigma_2 - \sigma_3)^2 + (\sigma_3 - \sigma_1)^2 \right]$$

则屈服判据可改写为：

$$\frac{(1+\nu)}{6E} \times \left[(\sigma_1-\sigma_2)^2+(\sigma_2-\sigma_3)^2+(\sigma_3-\sigma_1)^2\right]=\frac{(1+\nu)}{6E} \times 2\sigma_s^2$$

则相当应力为：

$$\sigma_r=\sigma_s=\sqrt{\frac{1}{2}\left[(\sigma_1-\sigma_2)^2+(\sigma_2-\sigma_3)^2+(\sigma_3-\sigma_1)^2\right]}$$

第四强度理论由胡勃在 1904 年提出，后来由米泽斯和亨齐分别完善，因此习惯上称米泽斯屈服准则，把 σ_{r4} 称为米泽斯应力。第四强度理论比第三强度理论更符合以拉压屈服为主的钢材类材料的屈服判定，因此在工程实际中得到了广泛的应用。

在常规的拉伸、压缩、扭转实验中得到反映材料基本力学性能的强度指标，通过强度指标可以得到试件破坏时的单元体应力状态，通过强度指标之间的关系来判定该材料适合用哪一强度理论设计校核。本实验分别对三种典型材料灰口铸铁 HT200、铝合金 LY12、低碳钢 Q235 进行拉伸、压缩、扭转实验，根据测得的强度指标，分析不同材料强度理论的适用性。

对灰口铸铁 HT200 试件分别进行拉伸、扭转实验，观察试件的断口形式发现试件拉伸时沿横截面平口断裂，扭转时沿与轴线成 45°角的螺旋曲面破坏。试件断口如图 2-58 所示，相应的单元体应力状态如图 2-59 所示。

(a)   (b)

图 2-58　试件断口

（a）灰口铸铁 HT200 试件拉伸破坏断口；（b）灰口铸铁 HT200 试件扭转破坏断口

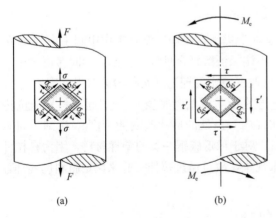

(a)   (b)

图 2-59　单元体应力状态

（a）灰口铸铁 HT200 试件拉伸单元体应力状态；

（b）灰口铸铁 HT200 试件扭转单元体应力状态

应用应力单元体分析方法分析试件在拉伸、扭转时的应力状态，结合试件的破坏形式可判断出试件在拉伸、扭转时的破坏应力均为最大拉应力，即灰口铸铁 HT200 伸长线应变为破坏因素的脆性断裂，符合第二强度理论。将拉伸、扭转时的 3 个主应力分别代入第二强度理论中，试件拉伸时危险点处的相当应力为 $\sigma_{b(抗拉)}$，试件扭转破坏时危险点处的相当应力为 $\sigma_{r2}=\sigma_1-\nu(\sigma_2+\sigma_3)=(1+\nu)\tau_{b(抗扭)}$，可以看出两种应力状态下的相当应力基本相等，从而验证灰口铸铁 HT200 在拉伸、扭转时适合用第二强度理论校核，并由此可以得到拉伸时脆性断裂的材料其抗拉强度与抗扭强度的关系为 $\sigma_{b(抗拉)}=(1+\nu)\tau_{b(抗扭)}$。灰口铸铁 HT200 的泊松比 ν 取值一般在 $0.23\sim0.27$，若取中间值，可得 $\tau_{b(抗扭)}=0.8\sigma_{b(抗拉)}$。而若将 3 个主应力代入第一强度理论中，则得到灰口铸铁 HT200 的抗拉强度与抗扭强度之间的关系为 $\sigma_{b(抗拉)} = \tau_{b(抗扭)}$，可以看出第二强度理论比第一强度理论更安全。

对铝合金 LY12 试件分别进行拉伸、压缩、扭转实验，观察试件的断口形式发现拉伸、压缩时试件都是与轴线成 45° 角的斜截面破坏，扭转时沿横截面破坏。试件断口如图 2-60 所示，相应的单元体应力状态如图 2-61 所示。

图 2-60　铝合金 LY12 试件拉、压、扭断口

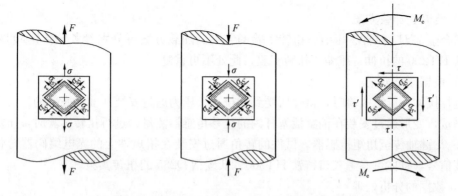

图 2-61　铝合金 LY12 试件拉、压、扭单元体应力状态

应用应力单元体的分析方法分析试件在拉伸、压缩、扭转时的应力状态，结合试件的破坏形式可判断出试件在拉伸、压缩、扭转时的破坏应力均为最大切应力。即最大切应力是材料破坏的主要因素，符合第二类强度理论。将拉伸、压缩、扭转时的 3 个主应力分别代入第三、第四强度理论的相当应力中，在第三强度理论下，试件拉伸破坏时危险点处的相当应力为 $\sigma_{r3} = \sigma_0 = \sigma_{b(抗拉)}$，试件压缩破坏时危险点处的相当应力为 $\sigma_{r3} = \sigma_0 = \sigma_{b(抗压)}$，试件扭转破坏时危险点处的相当应力为 $\sigma_{r3} = (\sigma_1 - \sigma_3) = 2\tau_{s(抗扭)}$，可以看出三种应力状态下的相当应力基本相等；而在第四强度理论下，三种应力状态下的相当应力不相等。从而验证铝合金 LY12 在拉伸、压缩、扭转时适合用第三强度理论校核。

对低碳钢 Q235 试件分别进行拉伸、扭转实验，观察试件的断口形式发现拉伸时试件沿与轴线成 45° 角的斜截面破坏，扭转时沿横截面破坏。应用应力单元体分析方法分析试件在拉伸、扭转时的应力状态，结合试件的破坏形式可判断出试件在拉伸、扭转时的破坏应力均为最大切应力。所以，低碳钢 Q235 是以最大切应力为破坏因素的塑性屈服，符合第二类强度理论。将拉伸、扭转时的 3 个主应力分别代入第三、第四强度理论的相当应力中。在第四强度理论下，试件拉伸破坏时危险点处的相当应力为 $\sigma_{r4} = \sigma_0 = \sigma_{b(抗拉)}$，试件扭转破坏时危险点处的相当应力为 $\sigma_r = \sqrt{\dfrac{1}{2}\left[(\sigma_1 - \sigma_2)^2 + (\sigma_2 - \sigma_3)^2 + (\sigma_3 - \sigma_1)^2\right]} = \sqrt{3}\tau_{s(抗扭)}$，可以看出两种应力状态下的相当应力基本相等。从而验证低碳钢 Q235 的拉伸、扭转实验适合用第四强度理论校核。

2.8.4 实验方案

1）实验设备、测量工具及试件

YDD-1 型多功能材料力学实验机、150mm 游标卡尺、标准铝合金 LY12 拉伸、压缩、扭转试件。

YDD-1 型多功能材料力学实验机由实验机主机和数据采集分析系统两部分组成，实验机主机部分由加载机构及相应的传感器组成，数据采集分析部分完成数据的采集、分析等。

拉伸、压缩试件都采用标准圆柱体短试件，扭转试件采用两端为扁形标准扭转试件，为方便数据处理，在进行拉伸、压缩、扭转实验前需用游标卡尺分别测量出试件的最小直径（d_0）。

2）装夹、加载方案

铝合金 LY12 拉伸、压缩、扭转实验的装夹、加载方案可分别参考低碳钢 Q235、灰口铸铁 HT200 的拉伸、压缩、扭转实验，此处不再重复。

3）数据测试方案

进行拉伸、压缩实验时，试件所受到的拉力、压力通过安装在油缸底部的拉、压力传感器测量，变形通过安装在油缸活塞杆内的位移传感器测量。进行扭转实验时，扭矩通过上夹头-花键轴传至扭矩传感器，试件的转角通过安装在扭矩轴上的光电编码器转化为电压方波信号，具体可参考灰口铸铁 HT200、低碳钢 Q235 的扭转实验。

4）数据的分析处理

对于铝合金 LY12 的拉伸、压缩实验，数据采集分析系统，实时记录试件所受的力与变形，并生成力、变形实时曲线及力、变形 X-Y 曲线。图 2-62 为实测铝合金 LY12 拉伸实验曲线，图 2-63 为实测铝合金 LY12 压缩实验曲线。

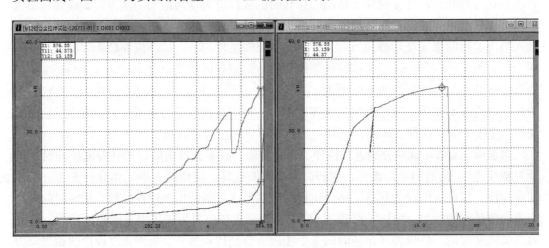

图 2-62 实测铝合金 LY12 拉伸实验曲线

在图 2-62 和图 2-63 中左窗口显示的是力、变形实时曲线，上部曲线为试件所受的力，下部曲线为试件的变形。右窗口显示的是力、变形的 X-Y 曲线，X 轴为加载力，Y 轴为变形。在左窗口中透过移动光标可分别得到铝合金 LY12 的抗拉极限荷载、抗压极限荷载。

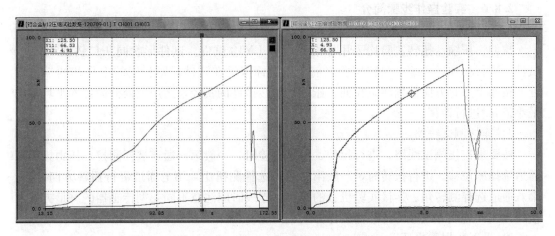

图 2-63　实测铝合金 LY12 压缩实验曲线

对于扭转实验，数据采集分析系统实时记录试件所受的扭矩及转角，并生成扭矩、转角实时曲线。图 2-64 为实测铝合金 LY12 扭转实验曲线。

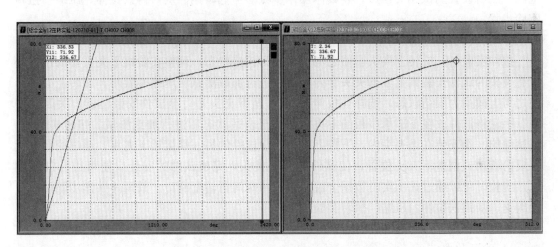

图 2-64　实测铝合金 LY12 扭转实验曲线

在左窗口中，透过移动光标可得到铝合金 LY12 的极限扭矩。得到相关数据后，依据实验原理，就可以得到所需要的力学指标。

2.8.5　完成实验预习报告

在了解实验原理、实验方案及实验设备操作后，就应该完成实验预习报告。实验预习报告包括：明确相关概念、预估试件的最大荷载、明确操作步骤等，在完成预习报告时，有些条件实验指导书中已给出（包括后续的实验操作步骤简介）、有些条件为已知条件、有些条件则需要查找相关标准或参考资料。通过预习报告的完成，将有利于正确理解及顺利完成实验。

有条件的学生可以利用多媒体教学课件，分析以往的实验数据、观看实验过程等。

完成实验预习报告，并获得辅导教师的认可，是进行正式实验操作的先决条件。

2.8.6　实验操作步骤简介

1）试件原始参数的测量：

拉伸、压缩、扭转实验均采用标准铝合金 LY12 试件，试件形状同灰口铸铁 HT200 试件。进行拉伸、压缩、扭转实验之前，用游标卡尺在试件标距长度的中央和两端截面处，按两个垂直方向分别测量拉伸、压缩、扭转试件的直径，选用三处截面算术平均值的最小值 d_0 进行计算。

2）连接测试线路：

按要求连接测试线路，进行拉伸、压缩实验时，一般第一通道选择测拉、压力，第三通道选择测位移。进行扭转时，一般第二通道选择测扭矩，第七通道进行扭转方向判断，第八通道选择测转角。连接实验机上的接口，连线时应注意不同类型传感器的测量方式及接线方式，连线方式应与传感器工作方式相对应。

3）设置数据采集环境：

本实验包括拉伸、压缩、扭转实验，实验时按拉伸、压缩、扭转实验顺序分别进行。可以通过文件-引入项目，引入所需要的数据采集环境。查阅相关资料，预测各坐标大小范围。然后设置测试相关参数。其具体操作步骤参考低碳钢、灰口铸铁拉伸、压缩、扭转实验步骤。

4）装夹试件、加载测试：

拉伸实验时，旋转上夹头套使之与上横梁为铰接状态，调整实验机下夹头套的位置将带有夹头的试件安装到上、下夹头套内，然后进行加载测试。压缩实验时，旋转上夹头套使之与上横梁为固结状态，选择"拉伸下行"，至下夹头运行至试件安装位置，关闭"进油"手轮将试件放在下部承压板的中央，调整至合适状态后进行加载测试。扭转实验时，将试件的一端安装在上夹头内，下拉上夹头，使试件的另一端接近下夹头，通过控制电机正反向转动，调整下夹头位置，使试件进入下夹头，完成试件的安装后便可进行加载测试，实验时可以通过显示实时数据全貌窗口观测时间扭转全窗口。其具体操作步骤可参考低碳钢、灰铸铁拉伸、压缩、扭转实验步骤。

2.8.7　分析数据完成实验报告

1）验证数据：

① 验证铝合金 LY12 拉伸、压缩实验数据。

首先双窗口显示全部实验数据，左窗口实时曲线，右窗口力-位移 X-Y 曲线。观察数据的变化规律，拉伸、压缩曲线均无屈服阶段，弹性阶段过后直接进入强化阶段，达到某一值后曲线急剧下降为零。

② 验证铝合金 LY12 扭转实验数据。

首先关闭"显示数据全貌"窗口，在扭矩-转角窗口显示全部实验数据，铝合金 LY12 扭转实验扭矩-转角曲线无屈服阶段，弹性阶段过后直接进入强化阶段，达到某一值后曲线急剧下降为零。

2）荷载数据的读取：

① 读取铝合金 LY12 拉伸、压缩实验中抗拉极限荷载 $F_{b(抗拉)}$、抗压极限荷载 $F_{b(抗压)}$。

在实测铝合金拉伸、压缩实验曲线中，选择并移动单光标，选择左右图光标同步，读出试件的抗拉极限荷载 $F_{b(抗拉)}$ 和抗压极限荷载 $F_{b(抗压)}$，将得到的数据填到相应的表格。

② 读取铝合金 LY12 扭转实验中极限扭矩 T_b。

在实测铝合金扭转 $T\text{-}\varphi$ 曲线中，选择双光标，读取极限扭矩 T_b。

3）分析数据：

将测得的数据代入式（2-23）、式（2-24）和式（2-25）得铝合金 LY12 的抗拉强度 $\sigma_{b(抗拉)}$、抗压强度 $\sigma_{b(抗压)}$ 及抗扭强度 τ_b 并填入相应的表格。选择合适的强度理论，然后将实测数据代入三种应力状态的相当应力中，比较是否相等，并推导出材料各强度指标之间的关系。

$$\sigma_{b(抗拉)} = \frac{F_{b(抗拉)}}{\frac{\pi d_0^2}{4}} = \frac{4F_{b(抗拉)}}{\pi d_0^2} \tag{2-23}$$

$$\sigma_{b(抗压)} = \frac{F_{b(抗压)}}{\frac{\pi d_0^2}{4}} = \frac{4F_{b(抗压)}}{\pi d_0^2} \tag{2-24}$$

$$\tau_b = \frac{T_b}{W_P} = \frac{T_b}{\frac{\pi d_0^3}{16}} = \frac{16T_b}{\pi d_0^3} \tag{2-25}$$

灰口铸铁 HT200、低碳钢 Q235 的分析过程与铝合金 LY12 的相同，可参考以上分析灰口铸铁 HT200、低碳钢 Q235 的实验数据，判定它们分别适合用哪一强度理论校核。

4）完成实验报告：

通过观察实验现象、分析实验数据就可以进行实验报告的填写了，完成实验报告的各项内容，并总结实验过程中遇到的问题、解决方法及对该实验的改进意见。

2.8.8　实验注意事项

1）在紧急情况下，没有明确的方案时，按急停按钮。

2）在拉伸、压缩与扭转实验转换时，注意测试线路连接时与各通道的对应关系。

3）在引入低碳钢或灰口铸铁拉伸、压缩、扭转实验项目后，为更好地测量实验数据，观察实验现象，根据查阅资料，重新设定拉压力、扭矩坐标的最大值、最小值。

4）装夹试件时，首先要确定实验机的状态。拉伸时，上夹头套应处于活动铰状态，但不应旋出过长，夹头套与上横梁垫板之间的间隙在 3~10mm。压缩时，上夹头套应处于固定状态，夹头套与上横梁应紧密接触。

5）进行数据采集的第一步为初始化硬件，初始化完成后应确认采集设备的量程指示与通道参数的设定值一致，且平衡后各通道均无过载现象。

第3章 实验预习报告

§3.1 低碳钢、铸铁拉伸实验预习报告

1）A-寻找方便进行拉伸实验的物品进行简单拉伸实验，感知拉伸变形过程，并对其断口形状、断裂性质（塑性/脆性、拉应变/切应力）进行简单分析。也可对了解的典型构件或材料拉伸破坏的例子进行分析。

2）A-判定材料力学性能指标有哪几类？材料的基本力学性能检测实验有哪些？

3）A-对材料进行拉伸实验时，可测得材料的哪些力学指标？B-在这些指标中，哪些最能体现塑性材料与脆性材料的差异？B-抗拉实验中区别金属材料脆性与塑性的标准是什么？

4）A-查相关国家标准，给出牌号低碳钢 Q235 及牌号灰口铸铁 HT200 的各强度指标（屈服、极限）范围，需注明标准名称、获取方式及执行日期。B-总结材料强度指标与材料壁厚的关系。

5）B-依据查得的强度指标，计算直径 10mm 的低碳钢 Q235 及灰口铸铁 HT200 的抗拉极限承载力，注意工程单位及有效位数的保留。D-进入力学中心网站分析以往的实验数据，并将实验数据与预估数据比较。

6）C-假定试件截面为椭圆，长短轴分别为 10mm、9.8mm，计算垂直两次测量取平均值所求圆的面积相对于真实面积的最大相对误差（需分析）。B-确定当该试件为短试件时的标距 L_0 及每个分格的长度（注意圆整）。

7）B-在测量断裂后标距 L_k 时，当断口靠近标距的端部时，需要进行移位处理，如何处理？目的是什么？其移位依据是什么？E-给出合适的实验方案证明此依据。

8）C-对已做好标距的低碳钢 Q235 长试件，选择长标距或短标距对被测试件的哪个实验指标影响最大？有何影响（增大还是减小）？给出解释。

9）B-在进行测试结果分析时，你认为对计算结果按有效数字的位数进行保留还是按小数点后保留几位小数进行？D-查相关国家标准，明确拉伸实验中强度指标、塑性指标的数值修约准则。

10）D-加载前在对采集通道进行平衡、清零时试件应处于非受力状态，如何判断？此时要求油泵、上下行控制均处于工作状态，这样做的好处是什么？此时如何保整下夹头不动作？E-如何控制起始时缓慢加载？

11）E-低碳钢抗拉强度是否是整个实验过程的真实最大应力（理解抗拉强度为名义值）？若不是应如何测得最大拉应力？E-给出演示低碳钢拉伸的冷作硬化现象实验机进行加载、卸载、再加载的合理操作过程。

班级-学号、提交人、提交时间：
审批人、审批时间、审批结论：
成绩：

§3.2　低碳钢、铸铁压缩实验预习报告

1）A-试件的破坏通常是指断裂不能继续承受荷载，观察身边发生压缩破坏物品的状态，依据断口形式分析产生破坏的直接应力、应变，总结能使物体产生断裂破坏的应变种类。

2）A-通常认为由于固体材料具有不可压缩性，因此当一个方向压缩时，另外一个方向就会伸长，并称之为泊松现象，且在弹性阶段为比例关系，称为泊松比 μ。脆性材料的断裂一般由最大线应变引起，拉伸、压缩 $F\text{-}\Delta L$ 基本为直线，试件压缩实验时，若横向应变大于拉伸时的断裂线应变，试件就会沿纵向产生裂纹并快速破坏，假定材料泊松比为 0.25，若材料压缩时出现纵向开裂，分析此时压缩纵向应变与拉伸纵向应变的大致关系。B-低碳钢压缩实验过程中，试件由圆柱体逐步变成鼓型-饼型，随着压力的增加，试件外周不断伸长，分析最终是否会产生竖向裂纹？C-若产生裂纹，外围材料的延伸率与拉伸实验短标距试件延伸率的大小关系。E-典型脆性材料，若按等应变破坏准则材料的抗压强度与抗拉强度的大致关系应大致为 $1/\mu$ 倍的关系，但实际上对于发生纵向开裂破坏的试件，其抗压强度往往明显大于 $1/\mu$ 倍抗拉强度，如混凝土，分析此现象可能的原因，查相关资料，分析混凝土、岩石之类材料压缩破坏的过程。

3）A-根据静力平衡法则，推导轴压试件与轴线夹角 α 斜截面上的正应力、切应力，注意应力正方向定义，计算最大切应力截面的角度。B-给出图示轴压试件其他角度斜截面

上正应力及切应力的方向，注意截面内外的关系。C-给出图示轴拉试件不同角度斜截面上正应力及切应力的方向。B-压缩实验时，若没有出现竖向裂纹时就产生沿与试件轴线方向呈45°~55°角的斜截面破坏，分析产生此种破坏的直接应力种类、其最大值与正应力的大小关系。C-并计算直径为10mm圆柱体铸铁试件在压力为40kN时最大切应力及其方向。E-压缩实验时具有最大切应力的截面只有一个，为何破坏斜截面角度却是一个大于最大切应力角度的范围值？

4）B-低碳钢试件有很好的延性，在荷载超过屈服荷载后，随着荷载的增加，试件的面积不断增大，且可持续稳定承载，你认为此时应力的变化趋势是怎样的？C-其应力的增加与荷载增加是否呈线性关系？D-是否能设计一个方案，通过测量试件纵向变形来近似测量低碳钢承受最大荷载时的平均应力？E-在压缩实验中，活塞缸位移既包括试件本身的变形也包括机架的变形，导致实测的试件变形数据有一定误差，在不增加测试设备的情况下，是否有方法去掉此项误差？

5）B-根据拉伸实验测得数据，预估直径为10mm压缩试件低碳钢Q235的屈服荷载。D-灰口铸铁HT200泊松比为0.25左右，压缩实验时发生剪切破坏，预估其抗压极限荷载的大致上限，并陈述依据。

6）B-低碳钢Q235压缩过程中试件不发生断裂，因此可持续加载，此时应如何确定实验过程可施加最大荷载？C-当达到最大荷载后应如何进行卸载操作以保证设备不产生换向冲击？如何操作进行多次加载、卸载实验。D-在压缩铸铁的实验中，为使已断裂的试件不再受到进一步的压缩，给出你认为较合理的两套操作方案，并作比较说明。

7）B-若在低碳钢压缩实验中，在压过屈服点后进行如拉伸实验一样的卸载后二次加载，你觉得卸载后再加载的 $F\text{-}\Delta L$ 曲线是否会像拉伸实验那样产生弹性阶段增长的现象？D-多次卸载、加载的上升弹性阶段是否平行？理由？D-预习报告的问题与不足之处。

班级-学号、提交人、提交时间：
审批人、审批时间、审批结论：
成绩：

3.3 低碳钢、铸铁扭转实验预习报告

1）A-分别进行粉笔、柳条之类的物品的扭转实验，观察材料的破坏形式，分析引起断裂应力种类，对于可多圈扭转的建议进行正反转反复扭转实验。

2）B-画出在扭转状态下单元体应力状态，并给出不同角度应力的计算公式（需有推导过程），计算出最大拉、压、剪切应力及方向；C-画出主应力单元体，注明主应力方向。

3）C-考虑沿半径方向剪应力在弹性阶段到屈服阶段有一个从线性分布到均匀分布的变化过程，推导在低碳钢 Q235 扭转实验中弹性阶段及强化阶段扭矩 T 与最大剪应力 τ 的关系，比较低碳钢扭转实验中得到的抗扭屈服强度、抗扭强度（不考虑应力分布状态，假定切应力沿半径方向为线性分布，为名义强度）与真实屈服剪应力、真实最大剪应力的关系。并对比分析灰口铸铁 HT200 的情形。

4）D-结合扭转时单元体应力状态及试件破坏形式，应用形状改变能密度理论计算扭转实验当剪应力为 τ 时低碳钢 Q235 的相当应力 σ_{r4}；应用最大伸长线应变理论计算灰口铸

铁 HT200 的剪应力为 τ 时的相当应力 σ_{r2}。E-并以此确定设计手册中钢材的许用剪应力 $[\tau_b] = 0.6 \sim 0.8[\sigma_b]$ 许用拉应力的选取原则。E-根据低碳钢 Q235 拉伸实验抗拉屈服强度预估其抗扭屈服强度，同理预估灰口铸铁 HT200 的抗扭强度。

5）C-在所有通道完成平衡、清零工作后就可以进行数据采集了，启动采集、启动扭转、手扭扭转上夹头就可以采集到扭矩了，证明系统可以正常工作了，此时停止扭转，是否还能采集到变化的扭矩？实验曲线的横坐标的单位是什么？D-实验试件装夹过程中是否需要进行停止数据采集操作？

6）B-若实验前在低碳钢 Q235 扭转试件表面加一个正方形的标记框，其中两个边平行于轴线，扭转多圈后，正方形标记将如何变化？C-若做成圆形标记，标记又将如何变化？从标记的变化上能否直观判断单元体最大拉、压应力方向？陈述理由。C-灰口铸铁 HT200 扭转试件扭转时发生脆性断裂破坏，断口为螺旋面，通过试件的断口是否能判断主应力的方向？D-是否有简单方法测量断口螺旋线与轴线的夹角？是否有简单方法测量低碳钢试件单元体变形情况？E-为直观演示扭转单元体应力状态、泊松现象等，你觉得采用何种性质材料、何种截面形状、做何种标记比较好？B-对低碳钢进行正向扭转超过屈服点后再进行反向扭转时，扭转屈服段是否会二次出现？C-原来的螺旋线会如何变化？D-试件的总的长度如何变化？E-在铸铁扭转实验中，试件的破坏不是沿最大剪应力的方向，是否能设计出一个合适形状的试件，使得破坏面同低碳钢一样沿最大剪应力方向？E-实验指导书中的错误及不足之处。

班级-学号、提交人、提交时间：
审批人、审批时间、审批结论：
成绩：

§3.4 应变片工作原理及应变仪桥路实验预习报告

1）薄片弯曲实验中，已知薄片厚度为0.306mm，基准圆的曲率直径为150mm，求薄片表面中心位置的应变。

2）在1）条件下，薄片与基准圆贴合时应变片阻值为120.561Ω，薄片与另一个圆贴合时应变片阻值为120.357Ω，另一个圆曲率直径为250mm，求应变片灵敏度系数。

3）已知薄片厚度为 t，基准圆的直径为 D，薄片的基准电阻为 R，另一个圆曲率直为 D_1，薄片与另一个圆贴合时应变片阻值为 R_1，求应变片灵敏度系数 K。

4）简述电阻应变片的工作原理，并给出应变片灵敏度系数的定义。

5）测试应变通常采用将前后两个应变片串联的方式，这样做是为了减小哪种误差的影响？陈述理由。

6）薄片的纵向应变为 $816\mu\varepsilon$，横向应变为 $237\mu\varepsilon$，则薄片的泊松比为多少？已知薄片的纵向应变为 ε，横向应变为 ε'，则薄片的泊松比为多少？

7）简述应变仪的工作原理。

8）推导当工作片接在电桥 R_2 位置，其余位置为补偿片时，惠斯登电桥输出电压 ΔU_{DB} 与应变 ε_2 的关系。

班级-学号、提交人、提交时间：
审批人、审批时间、审批结论：
成绩：

§3.5 电测法测定材料的弹性模量 E 和 泊松比 μ 实验预习报告

1）A-搜集身边可方便进行拉压的物品进行拉伸或压缩实验，观察试件变形量和荷载之间的关系，感知弹性模量的表现方式。

2）C-分析低碳钢拉伸、压缩实验荷载-位移关系曲线，明确如何利用此曲线较准确求得材料的弹性模量，需注意试件参加变形的总的有效长度，拉伸的数据最好用卸载后再次加载的直线段，并求取根据低碳钢拉伸和压缩实验弹性模量，并与标准值比较，分析系统误差的来源。

3）A-找一个橡皮类物质进行拉压实验，观测实验过程中其他方向变形与主应力方向变形的关系，感知泊松现象。B-并通过低碳钢拉伸试件的标记的变形分析泊松现象作用的结果。

4）A-简述电阻应变片的工作原理。已知电阻应变片的初始阻值为 120.5Ω，灵敏度系数为 2.17，计算当该测点应变为 2000με 以及应变为 2000με 时应变片阻值的大小。

5）C-推导当工作片接在电桥 R_2 位置，其余位置为补偿片时，惠斯登电桥输出电压 ΔU_{DB} 与应变 ε_2 的关系。D-分析实验时若两个应变片具有相同的应变 ε，连接在同一个桥路中时，应如何连接？测试结果是多少？

6）C-预估宽度为 36mm、厚度为 12mm 矩形截面低碳钢 Q235 弹模试件弹性阶段极限承载力，并陈述依据。D-陈述实验过程中应如何确定最大实验荷载？计算最大荷载下试件的纵向、横向应变。

7）C-测试应变通常采用将前后连片串联的方式，这样做是为了减小哪种误差的影响？陈述理由。C-串联起来的是否会影响测试的应变？如有是增大还是减小？

8）E-有学生认为泊松比很好理解，原因就是固体材料具有不可压缩的特性导致的，给出假定材料不可压缩圆柱体试件的体积平衡方程，并据此做 Excel 文件分析泊松系数和纵向变形的关系。分别给出拉压两种状态纵向变形量为 1/1000、1/10、1/2 和 1 时的泊松系数。

9）D-根据应变圆理论，推导不同方向线应变与主应变的关系。E-并思考若测点的主应力方向未知，给你 3 个应变片，是否测得该点主应力大小及方向的方案。E-实验指导书中的错误及不足之处。

班级-学号、提交人、提交时间：
审批人、审批时间、审批结论：
成绩：

§3.6　弯曲正应力电测实验预习报告

1）A-寻找韧性较好的树枝进行反复弯曲实验，可通过树皮褶皱的变化分析弯曲过程中树皮拉压变化与弯曲方向（弯矩）的关系；B-慢慢地折断树枝，观察纤维断裂过程，分析其原因。A-寻找粉笔、石膏板（建议自己制作）等脆性材料进行弯曲实验，观察断裂过程。B-浇筑时在石膏板的一面设置竹条，对比分析不同弯曲方式的破坏现象。B-将厚度不小于 15mm 的课本弯曲成圆弧形，观察课本非装订边变化情况，分析其原因。

2）A-实验梁的基本力学特性见表 3-1，根据实验指导书及梁弯曲正应力分布电测实验的要求补齐表 3-1。

表 3-1　实验梁的基本力学特性

安装方式	截面几何性质						应变片至中性层的距离				
	梁宽 b （mm）	梁高 h （mm）	梁高宽比	轴惯性矩 I_Z （mm^4）	支座跨距 L （mm）	施力跨距 a （mm）	y_1 （mm）	y_2 （mm）	y_3 （mm）	y_4 （mm）	y_5 （mm）
方式一	28	32									
方式二	32	28									

B-绘出纯弯梁的剪力图与弯矩图，描述纯弯段的力学特性。

3）C-依据平截面假定原理，推导纯弯段上正应力分布与梁高关系公式。C-已知实验梁的弹性模量 $E=210\text{GPa}$，计算 2）所示梁，当纯弯段最大拉应变为 $1000\mu\varepsilon$ 时，哪一种安装方式需要的荷载更大，此时加载点所需施加的集中荷载是多少？

4）C-给出施加弯矩段剪应力分布、纯弯段正应力分布图；D-按上（梁顶）、中（中心线）、下（梁底）3 个位置分别绘制纯弯段、施加弯矩段中间位置的单元体，注意区别不同位置单元体剪应力大小的不同；E-图示方式给出最大剪应力测试的应变片粘贴方案。

5）B-梁弯曲时实验荷载一般要求控制在 12kN 以内，这与实验机的额定荷载 100kN 有较大差距，若实验操作不当，很容易引起试件的损坏，根据你对实验机及实验模型的了解，分析实验中设置了哪些措施保证试件的安全，哪些是常用操作？哪些是保险措施？对于要进行正反向加载的情形，你觉得应如何进行换向操作比较合适？C-与测量材料弹性模量、泊松比实验相同，在测试时往往将等高位置的前后两片串联起来，这样做是为了减小梁前后数据不对称对测试结果的影响，如何判断梁前后的数据是否对称？E-你是否有方法减少或消除导致数据不对称因素的影响？

6）A-不考虑加载点影响的情况下，单一截面纯弯段内不同位置的最大正应力都相同吗？B-假如在纯弯段内截面有变化，如有一段 H 型截面的梁，那么此时 H 型截面的最大应力和矩形截面的最大应力是否相同？C-其应力、应变沿梁高方向仍呈单一线性分布吗？D-梁的承载力可通过改变宽高比进行优化，相对于截面形状较为简单的实心矩形，你是否有更好的截面优化方案？E-是否能设计出应力不是呈单一线性分布的梁？

班级-学号、提交人、提交时间：
审批人、审批时间、审批结论：
成绩：

第4章　实验报告

§4.1　低碳钢、铸铁拉伸实验报告

1）A-实验目的：

2）B-实验设备（需填写型号及编号）：

3）A-原始数据及实验结果，见表4-1（注意测量及计算结果有效位数的保留）。

表4-1　低碳钢、铸铁拉伸实验原始数据及实验结果

材料牌号	原始尺寸											
	原始标距 L_0 （mm）	直径 d_0（mm）									最小直径 d_0 （mm）	最小截面面积 S_0 （mm²）
		截面 I			截面 II			截面 III				
		(1)	(2)	平均	(1)	(2)	平均	(1)	(2)	平均		
Q235												
HT200												

材料牌号	实验结果												
	断后标距 L_{k100} （mm）	断后标距 L_{k50} （mm）	断口直径 d_k （mm）			断口截面面积 A_k （mm²）	流动极限载荷 F_s （kN）	抗拉极限载荷 F_b （kN）	断裂荷载 F_k （kN）	屈服强度 σ_s （MPa）	抗拉强度 σ_b （MPa）	延伸率 δ		收缩率 ϕ（%）
			(1)	(2)	平均							δ_{10} （%）	δ_5 （%）	
Q235														
HT200														

4）A-以对比的方式简述两种典型材料实验过程中的不同现象及各力学性能指标的差异。

5）A-实测实验曲线草图（需对计算机实测曲线进行修正，试件不受力空程部分、试件断裂后部分应去掉，注意比例，需标注关键荷载的数据，需注意断裂荷载与屈服荷载的关系）。

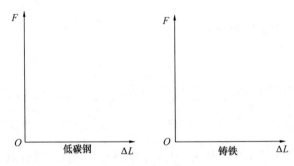

6）B-不考虑应力集中的前提下，计算低碳钢试件断裂瞬间的最大应力 σ_k 并与强度极限 σ_b 比较。C-陈述按名义值定义抗拉强度有什么好处和不足之处。

7）C-测量试件断裂后原来均匀分格单元变化后长度，并标明断口的位置，分析当断口靠近标距的端部时，测量断后标距 L_k 需要进行移位处理的依据。D-计算变形最大单元格的延伸率并与长标距延伸率对比。

8）D-试件拉过屈服点后，在整个强化段发复进行加载、卸载、再加载实验，进行 3~5 次，总结看到的现象。E-若多次卸载、加载的 $F\text{-}\Delta L$ 曲线弹性阶段平行，分析材料弹性模量的变化，最好给出变化的比例。

实验时间：　　　　　　　　　　　数据存储路径：

报告人：　　　　　　　　　　　　提交时间：

小组成员：　　　　　　　　　　　助教人员：

批改人及时间：　　　　　　　　　批改意见：

再次批改情况：　　　　　　　　　批改意见：

成绩：

§4.2 低碳钢、铸铁压缩实验报告

1）A-实验目的：

2）B-实验设备（需填写型号及编号）：

3）A-原始数据及实验结果（表4-2）：

表4-2 低碳钢、铸铁压缩实验原始数据及实验结果

材料牌号	原始尺寸											最小直径 d_0（mm）	最小截面面积 s_0（mm²）
	高度 H_0（mm）	直径 d_0（mm）											
		截面 I			截面 II			截面 III					
		(1)	(2)	平均	(1)	(2)	平均	(1)	(2)	平均			
Q235													
HT200													

材料牌号	破坏后计算结果					
	高度 H（mm）	流动极限荷载 F_s（kN）	抗压极限荷载（最大压缩荷载）F_b（kN）	抗压屈服强度 σ_s（MPa）	抗压极限强度 σ_b（MPa）	最大实验荷载对应压应力 σ（MPa）
Q235						
HT200						

4）B-低碳钢 Q235 拉伸实验和压缩实验均有屈服现象，比较所测得的流动极限大小差异，简述两种典型材料的变形、破坏过程；C-分析造成两个曲线屈服阶段长短不同的原因，分析屈服阶段过后曲线变化的差异。

5）A-实测实验曲线草图（需对计算机实测曲线进行修正，试件不受力空程部分、试件断裂后部分应去掉）

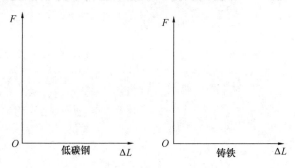

6）C-单元体分析可知，铸铁拉伸实验时在与轴线成 45°的斜面同样存在最大剪应力，但试件并没有沿着与轴线成 45°角的方向断裂，计算铸铁压缩断裂时的最大剪应力，并与抗拉强度进行大小比较。

7）E-实验总结与实验方案征集：设计一个方便学生操作的低碳钢压缩应力-应变曲线测试实验方案；E -是否能找到压缩时试件产生纵向裂纹的金属材料？E-对现有实验方案是否有改进意见。

实验时间：　　　　　　　　　　　　　数据存储路径：

报告人：　　　　　　　　　　　　　　提交时间：

小组成员：　　　　　　　　　　　　　助教人员：

批改人及时间：　　　　　　　　　　　批改意见：

再次批改情况：　　　　　　　　　　　批改意见：

成绩：

§4.3 低碳钢、铸铁扭转实验报告

1）A-实验目的：

2）A-实验设备（需填写型号及编号）：

3）B-原始数据及实验结果（表4-3）

表4-3 低碳钢、铸铁扭转实验原始数据及实验结果

材料牌号	原始尺寸									最小直径 d_0（mm）	抗扭截面系数 W_p（mm³）
	直径 d_0（mm）										
	截面 I			截面 II			截面 III				
	（1）	（2）	平均	（1）	（2）	平均	（1）	（2）	平均		
Q235											
HT200											

材料牌号	破坏后计算结果					
	屈服扭矩 T_s（N·m）	极限扭矩 T_b（N·m）	抗扭屈服强度 τ_s（MPa）	抗扭强度 τ_b（MPa）	真实剪切屈服强度（MPa）	真实剪切强度（MPa）
Q235						
HT200						

4）C-计算低碳钢的屈服阶段的最小剪应力（真实剪切屈服强度）τ_{sz} 及断裂时的真实最大剪应力（剪切强度）τ_{bz}，并将计算结果填写到实验结果表格中。

5）A-实测实验曲线草图（需对计算机实测曲线进行修正，试件不受力空程部分、试件断裂后部分应去掉）。

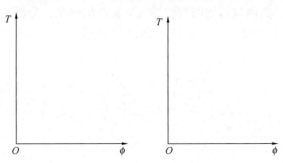

6）B-以对比的方式简述两种典型材料的实验现象各力学性能指标的差异，分析破坏原因。

7）D-利用单元体应力状态分析，结合试件在拉伸、扭转实验的不同破坏形式、低碳钢抗扭屈服强度与真实抗扭屈服应力的关系，验证抗扭屈服真实应力与抗拉屈服应力的关系。D-结合铸铁抗扭强度与抗拉强度的关系，明确铸铁抗扭试件的破坏准则；E-结合铸铁压缩实验所测得的最大剪应力，分析铸铁试件扭转时为何没有发生剪切破坏。E-分析材料力学特性满足何种条件时，拉伸、压缩、扭转均产生剪切破坏，你是否了解哪种常用材料具有这个特征？

8）D-根据实验前在试件表面所做的标记，分析低碳钢试件经过多圈扭转后试件的长度是伸长或缩短？D-测量低碳钢试件上的多圈螺旋线与轴线的夹角，分析螺旋线长度变化与应力状态的关系。C-测量铸铁断裂螺旋线与轴线的夹角，分析夹角是否能直观看出单元体的应力状态。E-能否设计一个方便教师课堂演示的反映扭转时单元体应力状态的教具？

实验时间：　　　　　　　　　　数据存储路径：
报告人：　　　　　　　　　　　提交时间：
小组成员：　　　　　　　　　　助教人员：
批改人及时间：　　　　　　　　批改意见：
再次批改情况：　　　　　　　　批改意见：
成绩：

§4.4　应变片工作原理及应变仪桥路实验报告

1）A-实验目的：

2）A-实验设备（需填写型号及编号）：

3）A-原始数据及实验结果（表4-4～表4-7）：

表4-4　拉伸薄片原始数据表

薄片工作段原始长度 L（mm）	500	薄片厚度 D（mm）	0.2
薄片宽度 W（mm）	40	应变片灵敏度系数 K	2
应变片原阻值 R（Ω）	120	薄片弹性模量 E（GPa）	

表4-5　应变片工作原理数据记录表

位移测应变		电阻测应变			应变仪直接测应变	力传感器读数
形变量（μm）	应变值 a_1（με）	应变片阻值 R（Ω）	阻值变化量（Ω）	应变值 a_2（με）	应变值 a_3（με）	荷载大小 F（N）
0						
100						
200						
300						
400						
500						

表4-6 应变片灵敏度系数标定数据记录表

形变量 （μm）	理论应变值 （με）	应变片阻值 R （Ω）	阻值变化量 （Ω）	实测应变片灵 敏度系数 K	误差（%）
0					
100					
200					
300					
400					
500					

表4-7 电桥特性数据记录表

形变量（μm）				荷载大小 F（N）		
应变片 编号	1/4 桥 测得的 应变	半桥测得的应变		全桥测得的应变		
		半桥类型一	半桥类型二	全桥类型一	全桥类型二	全桥类型三
		纵片、 补偿片	横片、 补偿片	纵片、横片	纵片（R_1）， 横片（R_2）， 自带补偿片	两个纵片 （R_1、R_3） 两个补偿片 （R_2、R_4）	两个纵片 （R_1、R_3） 两个横片 （R_2、R_4）
纵片1						
横片1						
纵片2						
横片2						

4）B-为了更好地理解应变测试原理，比较好的方案是使用两种以上方式测量（计算）被测对象的线应变，要求测量精度不低于 $10\mu\varepsilon$，给出你的测试方案。

5）E-实验完成情况总结、实验改进意见、设计性、综合性实验方案征集等（最好给出实验方案，可加附页）。

实验时间：　　　　　　　　　　　数据存储路径：

报告人 ：　　　　　　　　　　　　提交时间 ：

小组成员：　　　　　　　　　　　助教人员：

批改人及时间：　　　　　　　　　批改意见：

再次批改情况：　　　　　　　　　批改意见：

成绩：

§4.5　电测法测定材料的弹性模量 E 和泊松比 μ 实验报告

1）A-实验目的：

2）A-实验设备（需填写型号及编号）：

3）A-试件原始参数（表4-8）

表 4-8　电测法实验试件原始参数

截面位置	宽度/直径 d_0 （mm）	平均宽度/直径 d （mm）	厚度 h_0 （mm）	平均厚度 h （mm）	截面面积 S_0 （mm²）
截面 I					
截面 II					

4）B-简述实验过程中你是如何准确控制荷载大小的？如何控制进行多次反复（拉压）加载的，控制的结果如何？

5）E-描述主应力测试应变片布置方式，分析测试心得。E-是否有更方便的获得线应变源的方式？E-是否有直观的演示应变片工作原理的实验方案？要求应变分辨率优于 $10\mu\varepsilon$。E-对现有实验方案是否有改进意见。

6）B-采用多点平均的数据处理方式可减少随机误差的影响，在分级加载实验时如何取得多点平均的数据。

7）B-测试数据及实验结果（表 4-9）。

表 4-9　电测法实验测试数据及实验结果

序号	载荷(kN)		纵向应变 $\varepsilon(\mu\varepsilon)$				横向应变 $\varepsilon'(\mu\varepsilon)$				D-45°方向应变 $\varepsilon_{45}(\mu\varepsilon)$			
			第一次		第二次		第一次		第二次		第一次		第二次	
	P	ΔP	ε	$\Delta\varepsilon/\Delta P$	ε	$\Delta\varepsilon/\Delta P$	ε	$\Delta\varepsilon/\Delta P$	ε	$\Delta\varepsilon/\Delta P$	ε	$\Delta\varepsilon/\Delta P$	ε	$\Delta\varepsilon/\Delta P$
1														
2														
3														
4														
5														
6														
平均应变值($\mu\varepsilon$/kN)														
二次平均值($\mu\varepsilon$/kN)														
弹性模量（GN/m²）										σ_{45}/σ_1			
柏松比 μ										$\varepsilon_{45}/\varepsilon_1$			

8）D-对比分析拉压不同加载方式实验现象的不同。E-进行单片测试并与双片串联测试的数据进行比较，描述差异、分析原因。

实验时间：　　　　　　　　　　　数据存储路径：

报告人：　　　　　　　　　　　　提交时间：

小组成员：　　　　　　　　　　　助教人员：

批改人及时间：　　　　　　　　　批改意见：

再次批改情况：　　　　　　　　　批改意见：

成绩：

§4.6　弯曲正应力电测实验报告

1）A-实验目的：

2）B-实验设备（需填写型号及编号）：

3）B-测试数据及实验结果（表4-10）：

表 4-10　弯曲正应力电测实验测试数据及实验结果

序号	载荷(kN)		实测应变(με)									
			y_1		y_2		y_3		y_4		y_5	
	P	ΔP	ε	$\varepsilon(kN)$	ε	$\varepsilon(kN)$	ε	$\varepsilon(kN)$	ε	$\varepsilon(kN)$	ε	$\varepsilon(kN)$
1												
2												
3												
4												
5												
6												
平均应变值												
实测应力(MPa/kN)												
理论应力(MPa/kN)												
误差(%)												

梁弯曲结果分析

4）B-描述梁弯曲加载原理、实验现象，尤其是纯弯段内不同梁高位置应变的分布规律，分析实验误差可能原因及改进方案。

5）C-纯弯段内设置了多组应变片，根据实测数据对比分析与跨中位置应变大小的区别，并与预习时的分析相比对，注意说明不同位置梁截面形状的特点。

6）D-相对于单一材料、简单结构形式的梁，采用两种或两种以上材料、复杂结构形式的梁在实际工程中更为普遍采用，列举你所见到的此类梁，并对其优缺点进行分析。D-对比截面形状的改变，试列举其他影响梁承载力的因素，如支座形式等，并对其影响进行定性分析，对于方便测试的部分，可进行验证性测试。E-能否设计一个方便携带的教学模型以演示梁弯曲应力状态，需给出大致设计方案说明，可加附页。E-实验改进意见、设计性、综合性实验方案设计等。

实验时间：　　　　　　　　　　数据存储路径：
报告人 ：　　　　　　　　　　　提交时间 ：
小组成员：　　　　　　　　　　助教人员：
批改人及时间：　　　　　　　　批改意见：
再次批改情况：　　　　　　　　批改意见：
成绩：

附录 A 材料力学实验相关国家标准

1) GB/T 228.1—2010《金属材料拉伸实验》第一部分：室温实验方法
2) GB/T 22315—2008《金属材料弹性模量和泊松比实验方法》
3) GB/T 5028—2008《金属材料薄板和薄带拉伸应变硬化指数（n 值）的测定》
4) GB/T 7314—2017《金属材料室温压缩实验方法》
5) GB/T 10128—2007《金属材料室温扭转实验方法》
6) YB/T 5349—2014《金属材料弯曲力学性能实验方法》
7) GB/T 229—2007《金属材料夏比摆锤冲击实验方法》
8) GB/T 3075—2008《金属材料疲劳实验轴向力控制方法》
9) GB/T 4337—2008《金属材料疲劳实验旋转弯曲方法》

附录 B   YDD-1 型多功能材料力学实验机

1 概述

YDD-1 型多功能材料力学实验机是针对当前高校材料力学实验教学领域设备陈旧、台套数少的特点而开发的新型实验教学设备，它将传统的拉、压、弯、扭等加载方式组合在一台实验机上完成，并结合现代传感技术及数据采集与处理技术对所有被测参量实现电测量。同时配备先进的数据采集分析和摄像设备，可在实验过程中将实验数据和实验现象同步保存，利于学生在实验后分析实验数据，重放实验现象。配备了网络教学功能，可实现网络同步教学，并为开放式实验教学打下基础。与传统实验设备相比具有以下特点：

1）最为基本的拉压、扭转、弯扭实验组合在同一设备上完成。

2）加载采用双向液压油缸提供拉压力加载。

3）所有被测参量均采用电测量的方式，配有数据采集设备及相应的操作及学习软件。

4）实时显示各种测量曲线。

5）配有专为《材料力学》实验教学设计的交变加载梁弯曲、交变加载弯扭杆、交变加载弹性模量、压杆稳定等实验的配件。

6）油缸活塞杆设有自动反向运行控制及油压保持功能。

7）单通道采样频率高，最高为 200Hz。

2 技术指标

最大拉伸荷载：	100kN
最大压缩荷载：	150kN
拉伸夹头净距：	$0 \sim 300$mm
压缩垫板净距：	$0 \sim 255$mm
扭转夹头净距：	$50 \sim 190$mm
拉伸夹头夹持范围：	$\phi 10 \sim \phi 18$mm
扭转试件装夹尺寸：	12×20mm
拉伸荷载分辨率：	1.5/6kg
油缸活塞杆位移分辨率：	0.012mm
扭矩分辨率：	$0.08/0.32$N·m
转角分辨率：	$0.144/0.6°$
测量通道数：	8
量程：	± 2.5mV、± 10mV、± 5000mV
最高采样频率：	200Hz
准确度：	1 级

3 机构原理

实验机由加载机构、传感装置及数据采集三部分组成:

加载机构: 指完成对试件进行装夹、加载的所有相关机构的总称,也称为主机。

传感装置: 指将被测物理量以电信号形式向外传输的各类传感器。

数据采集: 指对各类传感器输出的电信号进行预处理、采集、保存、分析的装置,硬件部分由 YDD-1 型测试分析仪(图 B-1)、微型计算机组成。

图 B-1 多功能材料力学实验机整机组成

3.1 加载机构

提供最基本的拉伸、压缩、扭转三种加载形式,其他的加载形式如弯曲、弯扭组合等由上述加载形式通过相应的装置转换生成。

拉、压加载由液压油缸提供,扭转加载由电动机带动减速箱实现。加载装置包括机架、动力装置、装夹装置及控制装置等。

机架为型钢组成的门式结构,由左右立柱、上下横梁及中间支架组成。

拉压定端固定在上横梁上,带有拉压力传感器的油缸安装在门式结构的下横梁上。

在左立柱上部设置前凸支撑板固定扭矩传感器,扭转上夹头通过扭转轴可在扭矩传感器内上下滑动并传递扭矩,与扭转下夹头相连的扭转减速机安装在中间支架上。

弯曲梁支座固定在两立柱的内侧,可实现铰支、固支两种支座形式。在右立柱中部设有弯扭杆根部固定端安装套。这样,安装不同的试件及夹头,通过油缸活塞杆的上下移动,就实现了拉、压、弯和弯扭组合等加载形式,通过电动机带动减速机实现了扭转加载。

泵站部分安装在工作平台的下部右侧,在工作平台前侧左下部设有电气控制箱,控制按钮设置在工作平台的前侧。

拉伸、压缩、扭转实验试件为国标试件,试件夹头以安装方便、体积最小为原则。

3.2 可实现实验项目简介

1)拉伸实验:如图 B-2,拉伸试件的装夹采用两瓣锥型夹紧方式,实验时首先将上夹头旋松为铰接状态,然后将装有夹头的试件安装在上、下夹头内(一般先装上夹头部分),当控制油缸活塞杆带动下夹头下行时,试件便受到拉力。

2）压缩实验：如图 B-3，采用具有自动找正功能的球面垫板，实验时将试件找正放在垫板中央，当控制油缸活塞杆带动下夹头上行时，试件便受到压力。

图 B-2   拉伸实验   图 B-3   压缩实验（上部承压板固结）

3）扭转实验：如图 B-4，试件装夹采用将两端铣平的试件直接插入带锥矩形槽口的方式，带锥矩形槽口对试件具有轴向定位及自动找正的功能，启动正向或反向扭转，试件便受到扭矩。

图 B-4   扭转实验

4）测定材料弹性模量和泊松比电测实验：如图 2-37，试件为带有偏心加载孔矩形截面的试件，可进行拉压交变加载及偏心拉、压实验。试件装夹及加载控制同拉伸实验。

5）弯曲正应力电测实验：如图 2-43，采用四点弯曲梁试件，两端通过销轴与弯曲支座相连，加载分配梁通过销轴与油缸活塞杆连接，这样当控制油缸活塞杆上下移动时，梁便受到反复弯曲加载。

6）弯扭组合主应力电测实验：如图 2-49。

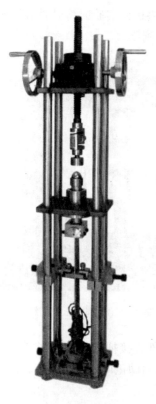

图 B-5　带侧向支撑的
压杆稳定实验

7）压杆稳定实验：如图 B-5，压杆失稳是压杆稳定平衡状态的改变，压杆失稳的过程是压杆的稳定平衡状态由直线平衡状态向弯曲平衡状态改变的过程，若失稳过程中荷载可控，压杆将建立弯曲平衡状态，其承载力为临界荷载；若失稳过程中荷载不可控，压杆将无法建立弯曲平衡状态，横向变形持续增加直至压杆屈服破坏。

3.3　加载控制

控制装置包括电气及液压控制，设有以下控制：

1）电源开关控制；
2）紧急停止控制；
3）油缸活塞杆上下行方向控制；
4）油缸活塞杆（上下行）自动反向控制；
5）油缸活塞杆上下行速度控制（进油手轮）；
6）油缸压力控制（压力控制手轮）；
7）正反向扭转控制；
8）正反向扭转自动换向控制；
9）转速调节控制等。

其中"油缸活塞杆上下行限位控制""油缸活塞杆自动反向控制"在弯曲正应力电测实验、弯扭组合主应力电测实验中能对被测试件起到较好的安全保护及自动反向加载的作用。

3.4　传感部分

采用各种类型的传感器将各种非电量转化成电量来测量。

其主要包括以下传感器：

1）拉、压力传感器；
2）油缸活塞杆位移传感器；
3）扭矩传感器；
4）转角光电编码器；
5）应变计。

拉、压力传感器：采用轮辐式传感器，一端固定在油缸底部，一端固定在实验机底板上，可直接测量拉压力的大小及方向，即可直接测量试件所受荷载的大小。

油缸活塞杆位移传感器：采用差动变压器式位移传感器，采用内装的形式，一端固定在油缸底部，一端与活塞杆相连，输出为 $-5V \sim +5V$ 电压信号。

扭矩传感器：采用中空式结构形式，法兰端固定在左立柱顶端，为扭转的定端，敏感元件通过滑动轴与扭转固定夹头相连，输出为电阻应变的形式。

转角光电编码器：采用增量式空心轴光电编码器，动端安装在扭转减速机输出轴上，定端固定在机架上，以输出方波的数量反映转角的大小。

应变计：采用 BE 系列薄式应变计，主要用于材料弹性模量和泊松比的实验、扭转测 G、弯曲正应力电测实验、弯扭组合主应力电测实验、压杆稳定实验中应变的测试。

3.5　数据采集与处理部分

数据采集与处理部分采用前置机与计算机相结合的方式。前置机为 YDD-1 数据采集分析系统，设置 8 个通道（CH），每个通道均可对应变、电压进行测量，且可设置不同的比例系数、常量等，以适应不同种类、不同系数的被测量。

其中第七、八通道又可用于扭转实验时对转角进行测量，7CH 用于正反转判断，8CH 用于转角脉冲测量。

YDD-1 数据采集分析系统实时将测得数据传输给计算机，计算机则利用其高速运算功能对采集来的信号进行后续处理，以实时曲线、X-Y 函数曲线、棒图等方式显示测量结果，并可以转化成多种格式的数据文件。

为方便双向加载的自动转换及确保实验的安全，设置了通道上下限报警功能，可任选一个通道作为报警通道，当选择拉压自动控制后，报警时，油缸活塞杆会自动反向运行；当选择扭转自动控制后，报警时，扭转电动机会自动反向运行；在未选择自动控制的情况下，报警时，当前的动作（拉、压或扭转）停止。

4　操作步骤

本实验机为多功能实验机，每项实验虽（试件的类型、加载的方式、测量的参量及实验过程）各不相同，但都由准备试件、测量试件原始参数、系统工作压力调定、装夹试件、连接测试线路、设置采集环境、设定限位、加载测试、后续处理等全部或几部分组成。

4.1　准备试件

为利于反映材料在受力状态下的力学性能，不同的实验对试件有不同的要求，合理的试件形状及加载测试方案是成功完成实验的前提。

4.2　测量试件原始参数

测量试件与该实验有关的原始数据，并做好记录。

4.3　系统工作压力调定

对于非破坏性实验，如纯弯梁实验等为防止由于学生误操作导致的试件损坏，须将系统的压力调至安全范围内。

首先根据不同的实验需要计算安全荷载大小，并调整系统油压。如弯扭组合实验极限承载力不超过 15kN，为保证试件及实验设备的安全，应将液压系统的最大输出荷载调至小于 15kN。调整时，打开加载控制手轮至常用加载位置，轻轻关闭压力控制手轮，将油缸上行或下行至极限位置，通过调节压力控制手轮开口的大小，将压力表的读数调整至指定值。

试件装夹时应保持压力控制手轮的位置不动，实验过程中若发现荷载不足或过大，可轻轻旋紧或旋松压力控制手轮，以调整系统的压力，但调节过程要缓慢进行，并确保在调节过程中，进油手轮处于打开的位置，因为只有在进油手轮处于打开位置时，压力表指示的压力才是真正的系统压力。

4.4　装夹试件

试件的装夹是试件加载的前提，不同类型的实验试件的装夹方式不同。本实验机试件夹头可以满足实验教学用标准试件的安装要求，并以安装方便、体积最小为原则：

1）伸试件的装夹采用两瓣锥型夹紧方式；

2）扭转试件装夹采用将两端铣平的试件直接插入带锥矩形槽口的方式；

3）定材料弹性模量和泊松比实验的试件采用螺母与凸台交替受力的方式；

4）双向弯曲正应力电测实验、双向弯扭组合主应力电测实验、双向等强度梁的加载均采用销轴连接的方式；

5）压杆稳定实验的加载同压缩实验。

4.5 连接测试线路

根据不同的测试任务及通道的特性，连接相应的测试线路。仪器的量程如下：

1、2通道：2.5/10mV；其余通道：10/5000mV。

工作滤波频率为1~7通道28Hz，8通道56 Hz。

需要注意的是：在扭转实验时，7CH为转向判断通道，需连接转向判断电压通道；8CH为转角脉冲测试通道，需与转角脉冲通道连接。

4.6 设置采集环境

采集准备包括采样参数的设置、通道参数的设置、窗口参数（数据显示方式）的设置等。在试件处于非受力状态时，进行平衡及清零处理，确认满足要求后启动数据采集。

采样参数的设置如下：

加载类型（拉压/扭转）、采样频率、实时压缩时间、报警通道及参数的选择等。其中，报警通道及参数的选择对于保证实验的安全，提高实验的自动化程度有着重要的作用。报警时，采集设备会输出开关量，用于控制油缸停止或反向运行。设置报警参数时需特别注意报警参数与报警动作的协调性。

4.7 安全设定

在所有实验过程中，操作人员都应在停止实验机运行后，结束计算机数据采集。

对于小荷载非破坏性实验（如压杆稳定等），或交变加载的实验（如弯扭组合实验、纯弯梁实验等）为防止由于学生误操作导致的试件损坏，实验前须将系统的压力调至安全范围内。方法参见4.3。

数据采集分析系统中还设置有同步停止辅助功能：当实验人员首先停止数据采集时，数据采集分析系统会自动发送一个电压控制信号，使运行中的实验机油缸活塞杆停止动作5s并报警，提示操作人员关闭"进油"手轮，避免试件过载。

注意：操作者仍然应该在关闭实验机后，停止数据采集。

这样，对于一个实验就设置了"系统工作压力""通道报警"两级保护措施。

4.8 加载测试

在门式框架内相对于实验机上横梁而言，油缸活塞杆下行便产生拉的趋势；油缸活塞杆上行便产生压的趋势。相对于扭转定端，当扭转电动机启动后便产生扭转的趋势。不同的实验加载类型各不相同，但基本的加载方式仅为拉、压及扭转。其他类型的加载如梁弯曲、弯扭组合等都由基本的拉、压加载方式直接或间接实现。所以对试件的加载的控制过程实际上是控制油缸活塞杆上、下运行及扭转电动机启动、停止的过程。

4.8.1 拉、压加载

确定油缸活塞杆上、下行状态的控制元素有油缸活塞杆运行方向、油缸活塞杆运行速度、工作压力、限位报警后是否自动换向等。其中，油缸活塞杆运行方向、油缸活塞杆运行速度、工作压力是必选项。

对应的电气及液压控制元件为"压缩上行"按钮、"拉伸下行"按钮、"油泵启动"按钮、"油泵停止"按钮、"进油控制"手轮、"压力控制"手轮、"自控启动"按钮、"自控停止"按钮。

各电气及液压控制元件的具体功能如下：

1）"油泵启动"按钮：按下此按钮，油泵启动；

2）"油泵停止"按钮：按下此按钮，油泵停止；

3）"进油控制"手轮：控制油缸活塞杆上、下行的速度。逆时针旋转加载速度加快，顺时针旋转加载速度减慢，直至关闭；

4）"压力控制"手轮：控制拉、压油缸的最大油压。顺时针旋转压力增大，直至关闭压力最大；逆时针旋转压力减小；

5）"压缩上行"按钮：无论活塞杆当前是停止或下行状态，按下活塞杆上行按钮，油缸活塞杆运行时都将向上运行；

6）"拉伸下行"按钮：无论活塞杆当前是停止或上行状态，按下活塞杆下行按钮，油缸活塞杆运行时都将向下运行；

7）"拉压自控"按钮：按下此按钮，油缸活塞杆运行限位动作后自动转换运行方向。即当上行限位器动作后，油缸活塞杆自动下行，反之亦然。

4.8.2　扭转加载

确定扭转加载的控制元件有扭转方向、扭转启动、停止等。

对应电气及液压控制件为"正向扭转"按钮、"反向扭转"按钮、"加载停止"按钮。

各电气控制元件的具体功能如下：

"正向扭转"按钮：按下此按钮，扭转电动机正向（逆时针）扭转加载；

"反向扭转"按钮：按下此按钮，扭转电动机反向（顺时针）扭转加载；

"加载停止"按钮：按下此按钮，正在扭转的电动机将停止；同时正在运行的油缸活塞杆将停止运行；

"扭转自控"按钮：按下此按钮，扭转报警动作后自动反向扭转；

"扭转调速"转轮：顺时针旋转电动机转速加快，反之降低。操作面板上匹配有电动机供电频率数显窗口。实验时可根据不同实验阶段进行相应调整。

参考文献

［1］ 孙训方，方孝淑，关来泰．材料力学（Ⅰ）［M］．5 版．北京：高等教育出版社，2009.

［2］ 同济大学航空航天与力学学院力学实验中心．材料力学教学实验［M］．3 版．上海：同济大学出版社，2012.

［3］ 靳帮虎．材料力学实验［M］．南京：东南大学出版社，2017.

［4］ 刘鸿文，李荣坤．材料力学实验［M］.4 版．北京：高等教育出版社，2017.

［5］ 付朝华，胡德贵．材料力学实验 ［M］．北京：清华大学出版社，2010.